高等医学院校实验系列规划教材

生物化学与分子生物学实验

SHENGWU HUAXUE YU FENZI SHENGWUXUE SHIYAN

主　编　秦宜德　张胜权

U0258856

中国科学技术大学出版社

内 容 简 介

本实验教材基本上涵盖了目前大多数医学院校生物化学与分子生物学实验课的内容。主要包括生物化学与分子生物学一般验证性实验如蛋白质定性等、生物化学与分子生物学基本实验技能训练如电泳和色谱(层析)分析等、综合性实验如基因工程和蛋白质分离纯化等。

本书适合医学院校大多专业(包括临床医学、护理学、药学、口腔医学、预防、检验和生物技术等)生物化学与分子生物学实验教学使用,也适合医学院校科学学位的研究生选修生物化学与分子生物学课程的实验教学使用,还可供相关专业和科研人员参考。

图书在版编目(CIP)数据

生物化学与分子生物学实验/秦宜德,张胜权主编. —合肥:中国科学技术大学出版社,2017.1(2021.7 重印)

ISBN 978-7-312-04138-9

Ⅰ.生… Ⅱ.①秦… ②张… Ⅲ.①生物化学—实验—高等学校—教学参考资料 ②分子生物学—实验—高等学校—教学参考资料 Ⅳ.①Q5-33 ②Q7-33

中国版本图书馆 CIP 数据核字(2017)第 009562 号

出版	中国科学技术大学出版社
	地址:安徽省合肥市金寨路 96 号,邮编:230026
	http://press.ustc.edu.cn
	http://zgkxjsdxcbs.tmall.com
印刷	安徽省瑞隆印务有限公司
发行	中国科学技术大学出版社
经销	全国新华书店
开本	787 mm×1092 mm 1/16
印张	6.5
字数	166 千
版次	2017 年 1 月第 1 版
印次	2021 年 7 月第 3 次印刷
定价	20.00 元

《生物化学与分子生物学实验》编委会

主 编

秦宜德　张胜权

编 委（以姓氏拼音为序）

安 然　查晓军　范新炯　冯婷婷

顾 芳　胡若磊　华 娟　黄海良

秦宜德　张胜权　张素梅　章华兵

前　言

　　生物化学与分子生物学实验是生命医学教育和研究的重要基础和技能,是医学院校临床医学、护理学、药学、口腔医学、预防、检验和生物技术等专业的必修课。依据高等医学院校大多专业制定的教学大纲,在总结安徽医科大学多年实验教学经验的基础上,结合了大多省部医学院校的生物化学与分子生物学学科的教学条件,我们组织一线教师编写了这本实验教材。

　　本实验教材基本上涵盖了目前大多数医学院校生物化学与分子生物学实验课的内容。主要包括生物化学与分子生物学一般验证性实验如蛋白质定性等、生物化学与分子生物学基本实验技能训练如电泳和色谱(层析)分析等、综合性实验如基因工程和蛋白质分离纯化等。本书适合医学院校大多专业包括临床医学、护理学、药学、口腔医学、预防、检验和生物技术等生物化学与分子生物学实验教学使用,也适合医学院校科学学位的研究生选修生物化学与分子生物学课程的实验教学使用,还可供相关专业和科研人员参考。

　　由于编写时间仓促,加之我们的水平有限,本书难免存在不妥之处,敬请同行专家和使用的师生批评指正。

编　者

2016 年 10 月

目　录

绪　　论

生物化学与分子生物学实验是一门指导学生掌握科学探索方法、熟悉实验仪器操作、验证基本理论的重要课程。该课程重在培养学生创新思维能力、动手操作能力和团队协作能力，为学生日后的科学探索和医学实践打好基础。正如老一代科学家钱临照教授所说："实验室是发现与培养人才的良好地方。培养学生能力，尤其是创新能力，是实验室的重要功能与任务。"实验室是学校办学的基本条件之一，是学生进行技能训练，开展科技活动的重要场所。实验室除必备仪器设备、实验材料和高素质的实验技术人员外，还必须具备良好的实验环境和必要的安全设施，以确保实验结果的质量和实验室的安全。因此加强实验室的管理工作是实验教学、学生科研以及课外活动正常进行的重要保证。

一、实验室规则

1. 实验的基本要求

自觉遵守课堂纪律，不迟到，不早退。养成文明习惯，不大声喧哗，不随地吐痰。注意节约试剂、药品及水电。实验前认真预习，熟悉实验目的和基本原理；实验中认真听课，按照要求认真操作，仔细观察实验现象和结果，如实做好原始记录，对于实验过程中发现的问题要善于思考，不能解决时请示指导老师；实验后认真总结，根据原始记录严肃认真地书写实验报告。

2. 仪器保管及清洁

各种仪器、药品应存放整齐，取用方便，用后清洗干净、复原。对于贵重仪器和易燃、易爆、剧毒药品须小心谨慎，防止意外事故。

3. 试剂使用规则

养成良好习惯，试剂瓶及药品用后即盖，防止其内容物氧化和污染（空气污染和交叉污染）；废弃物品倒入指定盛器内，不得乱丢。

4. 实验室安全常识

① 进入实验室开始工作前应了解水阀门及电闸所在位置。离开实验室时，一定要将室内检查一遍，将水和电的开关关好。② 使用电器设备时要严防触电，绝不可以用湿手或在眼睛旁视时开关电闸和电器开关。③ 使用浓酸、浓碱时，必须极为小心地操作，防止溅失。使用吸量管量取这些试剂时，必须使用橡皮球，绝不可以用口吸取。若不慎溅在试验台或地面上，必须及时用湿抹布擦洗干净。如触及皮肤应及时治疗。

5. 废弃物处理

废液，特别是强酸和强碱不能直接倒在水槽中，应先稀释，然后倒入水槽，再用大量自来水冲洗水槽及下水道。毒物、动物组织或/和尸体要按要求丢弃在指定的冰柜中或特定的地方。

6. 实验室清洁

在整个实验过程中,要保持实验台面的整洁;实验完毕后,清理实验台,打扫实验室,检查完灯、火、水后,再离开实验室。

二、实验报告的书写

实验报告的书写是实验课教学的重要环节。实验报告是科学实验的忠实记录和总结,记录实验结果、书写实验报告是锻炼学生分析能力的有效途径,也是对学生实验课学习成绩考查的参考。每次实验结束后,应认真做好实验报告。

1. 实验记录

实验记录是实验过程的原始资料,也是书写实验报告的依据。实验前必须认真预习,弄清原理和操作方法,并在实验记录本上写出扼要的预习报告,内容包括实验基本原理、简要的操作步骤(可用流程图等表示)和记录数据的表格等。

2. 实验报告

实验报告是实验的总结和汇报,通过实验报告的写作可以分析总结实验,学会处理各种实验数据的方法,加深对有关生物化学与分子生物学原理和实验技术的理解和掌握,同时也是学习撰写科学研究论文的过程。实验报告的内容应包括实验题目、实验目的、实验原理、实验试剂和仪器、实验步骤、实验结果与现象(定性实验)或实验结果与计算(定量实验)、实验结论、实验讨论、实验者姓名和实验日期。

生物化学与分子生物学的实验报告分为定性报告和定量报告两种,下面的实验报告格式可供参考。

实验×　　××××××××(题目)　　　　年　　月　　日

一、实验目的

……

二、实验原理(可用反应式)

……

三、实验试剂和仪器

……

四、实验步骤(表格式或条文式)

……

五、实验结果与现象(定性实验)/实验结果与计算(定量实验)

……

六、实验讨论

……

七、实验结论

……

实验者:×××

　　实验报告必须独立完成,严禁抄袭。实验报告要语言简洁,重点突出,各种实验数据都要尽可能整理成表格并作图表示,以便进行比较。每个图都要有明显的标题,坐标轴的名称要清楚完整,要注明合适的单位。实验结果中讨论和结论部分要尽可能多查阅一些有关的文献和教科书,充分运用已学过的知识,进行深入的讨论,勇于提出自己独到的分析和见解。书写实验报告应注意以下几点:

　　① 书写实验报告最好用练习本。

　　② 应简明扼要地概括出实验的原理,如涉及化学反应,最好用化学反应式表示。

　　③ 应列出所用的试剂和主要的仪器。

　　④ 实验步骤的描述要写明白,以便他人能够重复。

　　⑤ 讨论不应是实验结果的重述,而是以结果为基础的逻辑推论。如对定性实验,在分析实验结果的基础上应有一简短而中肯的结论。讨论部分还可以包括关于实验方法(或操作技术)的一些问题,如实验异常结果的分析,对于实验设计的认识、体会和建议,对实验课的改进意见等。

(秦宜德)

实验一　蛋白质的定性实验

【实验目的】

通过实验验证进一步理解蛋白质的理化性质。

一、沉淀反应

（一）盐析法

【实验原理】

在水溶液中，蛋白质分子表面由于形成水化层和双电层，而成为稳定的亲水胶体颗粒分散于水相中。但在高浓度的中性盐影响下，分子表面的水化层被脱去，蛋白质所带电荷被盐离子中和，结果蛋白质的胶体稳定性因素遭到破坏而沉淀析出。各种蛋白质分子颗粒大小及亲水程度不同，盐析所需的盐浓度也不一样，因此调节蛋白溶液中的中性盐浓度，可使不同蛋白质分段沉淀。如球蛋白在半饱和硫酸铵中即可析出，而清蛋白则须在饱和硫酸铵中才能析出。盐析沉淀蛋白质一般是可逆的，加水稀释降低盐浓度后，蛋白质可重新溶解并保持其生物活性。

【主要仪器及器材】

试管、刻度吸管、玻璃棒、普通离心机等。

【实验试剂】

1. 蛋清稀释液：将鸡蛋清用蒸馏水稀释 10 倍（V/V），相当于 10% 鸡蛋清溶液。
2. 饱和硫酸铵溶液：称取硫酸铵 80 g，溶于 100 mL 蒸馏水中，用时取上清液。

【实验操作】

1. 取 10%鸡蛋清溶液 10 滴,沿管壁缓慢加入 10 滴饱和硫酸铵溶液,观察结果,并加以解释。

2. 向沉淀管中逐滴加入蒸馏水,观察沉淀是否溶解,并加以解释。

3. 向上清液管中逐渐加入固体硫酸铵(约 100 mg),观察蛋白质是否沉淀,并加以解释;再加入蒸馏水,观察沉淀是否溶解。

(二) 乙醇沉淀法

【实验原理】

乙醇可以减少蛋白质分子表面的水化膜,并可降低溶液的介电常数,从而降低蛋白质亲水胶体颗粒在溶液中的稳定性,使这些大分子脱水并互相聚积析出,若同时加入少量中性盐,则沉淀更为迅速。

【主要仪器及器材】

试管、刻度吸管、滴管等。

【实验试剂】

1. 5%鸡蛋清溶液:将鸡蛋清用蒸馏水稀释 20 倍即成。

2. 95%乙醇。

3. 饱和氯化钠溶液。

【实验操作】

取试管 1 支,加入 5%鸡蛋清溶液 10 滴,缓慢加入 95%乙醇 20 滴。边加边摇匀,静止片刻,观察有无沉淀。再加入饱和氯化钠溶液 2～3 滴,观察结果并加以解释。

（三）重金属盐沉淀法

【实验原理】

重金属离子可与蛋白质结合成稳定的沉淀而析出。蛋白质在水溶液中是两性电解质，在弱碱性溶液中，蛋白质分子带负电荷，能与带正电荷的重金属离子如 Pb、Ag、Zn 等结合成蛋白质金属盐而沉淀。重金属离子与蛋白质结合成难溶的盐类，因而沉淀是不可逆的。

【实验试剂】

1. 5%鸡蛋清溶液，见乙醇沉淀法。
2. 0.1 mol/L 氢氧化钠溶液。
3. 3%醋酸铅溶液。
4. 0.5%硫酸锌溶液。

【实验操作】

取试管 2 支，按表 1.1 操作。

表 1.1　2 支试管的加液步骤

管号	5%鸡蛋清溶液	0.1 mol/L 氢氧化钠	3%醋酸铅	0.5%硫酸锌
1	10 滴	2 滴	4 滴	—
2	10 滴	2 滴	—	4 滴

充分混匀后，观察结果并加以解释。

（四）有机酸沉淀

【实验原理】

有机酸如磺基水杨酸、三氯醋酸可与蛋白质分子表面的正电荷结合，使蛋白质沉淀。这种沉淀作用可使血清等生物样品中的蛋白质完全除去，因此得到广泛应用。

【实验试剂】

1.5%鸡蛋清溶液。

2.10%三氯醋酸。

3.20%磺基水杨酸。

【实验操作】

取试管2支,按表1.2操作。

表 1.2　2 支试管的加液步骤

管号	5%鸡蛋清溶液	20%磺基水杨酸	10%三氯醋酸
1	20 滴	10 滴	—
2	20 滴	—	10 滴

充分混匀后,观察结果并加以解释。

二、蛋白质的两性反应

【实验原理】

蛋白质分子上有些基团可以放出质子而带负电荷,也有一些基团可接受质子而带正电荷。蛋白质分子在水溶液中所带正、负电荷的多少,取决于溶液的氢离子浓度。当溶液达到某一 pH 时,可使某种蛋白质所带的正、负电荷相等,此 pH 称为这种蛋白质的等电点。蛋白质达到等电点时溶液溶解度最低。溶液的 pH 在蛋白质的等电点碱侧时该蛋白带负电荷,而溶液的 pH 在蛋白质的等电点酸侧时该蛋白带正电荷。溶液的 pH 离等电点愈远,所带相应电荷也愈多。在远离等电点时,因各蛋白质分子带同种电荷而相互排斥,故不易发生凝聚沉淀,溶解度增大,当达到等电点时,电荷的排斥作用消除,故易凝聚而沉淀。

【实验试剂】

1. 0.5%酪蛋白溶液:以 0.01 mol/L NaOH 溶液作溶剂。

2. 0.01%溴甲酚绿指示剂:称取 100 mg 溴甲酚绿溶于 100 mL 蒸馏水中(内含 1 mL

0.1 mol/L NaOH)。此指示剂变色范围为 pH 3.8～5.4,酸式型为黄色,碱式型为蓝色。

  3. 0.02 mol/L HCl。

  4. 0.02 mol/L NaOH。

【实验操作】

  取一支试管,加 0.5%酪蛋白溶液 10 滴和 0.01%溴甲酚绿 2 滴,混匀,观察溶液呈现的颜色,并说明原因。

  用滴管缓慢加入 0.02 mol/L HCl 溶液,边加边摇,直至有明显的大量沉淀产生,此时溶液的 pH 接近酪蛋白等电点,观察溶液颜色的变化,并说明原因。

  继续滴加 0.02 mol/L HCl 溶液,观察沉淀的消失和溶液颜色的变化,并说明原因。

  再缓慢滴加 0.02 mol/L NaOH,注意观察发生的变化,并解释之。

三、蛋白质的变性、凝固——pH 对于变性蛋白质 再溶性的影响

【实验原理】

  高温能使蛋白质变性,变性蛋白质在等电点附近最易发生絮析和凝固;在远离等电点,虽因加热蛋白质变性,但因变性蛋白质带有相同的电荷而相互排斥,仍不易发生絮析或凝固。

【实验试剂】

  1. 10%鸡蛋清溶液。

  2. 0.1%醋酸。

  3. 10%醋酸。

  4. 1 mol/L NaOH。

【实验操作】

  取试管 3 支,按表 1.3 操作。

表 1.3 3 支试管的加液步骤

管号	10%鸡蛋清溶液	0.1%醋酸	10%醋酸	1 moL/L NaOH
1	16 滴	4 滴	—	—
2	16 滴	—	4 滴	—
3	16 滴	—	—	4 滴

混匀各管后,沸水浴 5 min,比较各管的情况。并解释之。

（冯婷婷）

实验二　凝胶渗透层析

【实验目的】

利用 Sephadex G-25 凝胶层析，分离含有不同大小溶质分子的样品，并测出洗脱曲线，通过实验了解并熟悉凝胶渗透层析的原理和实际应用。

【实验原理】

凝胶渗透层析是按照溶质分子大小的不同而进行分离的一种层析技术。当溶液分子中大小不同的样品通过凝胶柱时，由于凝胶颗粒内部的网络结构具有分子筛效应，分子大小不同的溶质就会受到不同的阻滞作用。分子量大的因不易渗入网络，被排阻在凝胶颗粒之外，因而所受到的阻滞作用小，先流出层析床；分子量小的因能渗透到网络的内部，洗脱流程长，所受到的阻滞作用大，后流出层析床。这样就可以达到分级分离的目的，见图2.1。

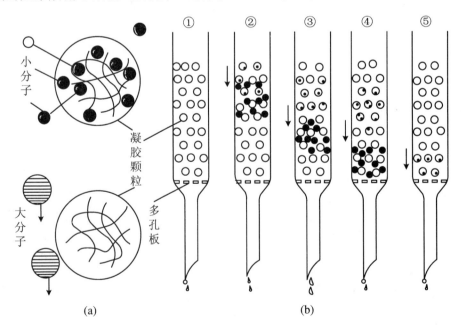

图 2.1　凝胶层析的原理

（a）水分子由于扩散作用进入凝胶颗粒内部而被滞留，大分子被排阻在凝胶颗粒外面，在颗粒之间迅速通过。（b）① 蛋白质混合物上柱；② 洗脱开始，小分子扩散进入颗粒内，大分子则被排阻于颗粒外；③ 小分子被滞留，大分子向下移动，大、小分子开始分开；④ 大、小分子完全分开；⑤ 大分子行程较短，已洗脱出层析柱，小分子尚在行进中。

【实验试剂】

1. Sephadex G-25（干胶）。
2. 样品：血红蛋白，核黄素（以洗脱液溶解）。
3. 洗脱液：0.05 mol/L 磷酸盐缓冲液（pH 6.3）。配制：① A 液，称取磷酸二氢钠（$NaH_2PO_4 \cdot 2H_2O$）7.808 g 溶于蒸馏水中，加蒸馏水稀释至 1000 mL。② B 液，称取磷酸氢二钠（$Na_2HPO_4 \cdot 2H_2O$）17.929 g 溶于蒸馏水中，加蒸馏水稀释至 1000 mL。③ 取 A 液 775 mL，加于 B 液 225 mL 中，混匀后即成。

【实验操作】

1. 凝胶的处理。
① 溶胀与浮选：将凝胶放入过量的水中浸泡 6 h（沸水浴中为 2 h）。浸泡后搅动凝胶再静置，待凝胶沉淀后，用倾泻法去除上层细浮悬液，如此反复数次。② 平衡：将浸泡后的凝胶抽干，用 10 倍量的洗脱液处理约 1 h，搅拌后继续去除上层细浮悬液。
2. 装柱。
将层析柱垂直装好，待气泡排除后，使溶液在底端留至约 1 cm 高即可行关闭，将处理好的凝胶在烧杯内用 1 倍的溶液搅拌调成悬浮液，自柱顶部沿管内壁缓慢加入柱中。待底部凝胶沉淀至 1～2 cm 时，缓慢打开底端出口管，随之继续添加凝胶悬浮液直至床体积沉淀至 20 cm 高度为止（操作中应注意防止产生气泡与节痕）。
3. 平衡。
柱装好后，使层析床稳定 5～10 min，然后接上恒流泵或恒压洗脱瓶打开出口，用两倍于床体积的洗脱液平衡，使层析床稳定。若采用恒流泵则要预先调好流速，流速为 10～15 滴/min（以下均同）。
注意：在洗脱时要将恒流泵至层析柱的连接管内泡全部排除，以免影响流速（对于采用恒压瓶调节流速时可在靠近柱的顶部加一调节阀，另外在调节中务必防止流速过大以及层析床液体流干）。此外，如果需要稳定平衡则同时在层析柱夹套内通入恒温冷却水。
4. 层析床校正。
为了取得良好的层析效果，在层析前需要对所装的层析柱进行检查。检查方法如下：① 用肉眼观察层析床是否均匀，有没有"纹路"和气泡，床表面是否平整。② 用蓝葡聚糖 2000 进行层析行为的检查，在层析柱内加进 1 mL（2 mg/mL）蓝葡聚糖 2000，然后用洗脱液进行洗脱（洗脱的作用压与流速同前），在层析中，当移动的指示剂色带狭窄均一则说明装柱良好。③ 检查后再经洗脱液平衡，即重复步骤 3 就可使用。
5. 加样与洗脱。
打开平衡好的层析柱底部出口，使柱内溶液至床表面时关闭，将吸取 0.5 mL 样品的加样滴管在距床表面 1 mm 处沿管壁轻轻转动加进样品，加完后，再打开底端出口使样品流至床表面，用少量洗脱液同样小心清洗表面 1～2 次，使洗脱液流至床表面，然后将洗脱液在柱内约加至 4 cm 高,接上恒流泵或恒压洗脱瓶并调节好流速即开始洗脱(注意在加样和洗涤过程中防止冲坏床表面)。

6. 收集与测定。

收集时可用自动部分收集,按每管 2 mL 收集或以手工操作分管收集 15 管,收集后用 722 型(或 721 型)分光光度计分别在 520 nm 及 451 nm 波长处以洗脱液为空白管溶液对每管收集液进行光吸收测定。测定后以收集管序数(或体积,mL 数)为横坐标,吸光度为纵坐标对应作图。

【注意事项】

1. 凝胶处理期间,必须仔细地用倾泻法除去细小颗粒,这样可使凝胶颗粒大小均匀,流速稳定,分离效果好。

2. 装柱是层析操作中最重要的一步。为使柱床装得均匀,务必做到凝胶悬液不稀不厚,一般浓度为 1∶1。

3. 加样及洗脱时切勿使床面露在空气中,以免产生气泡或分层现象,且应保持柱顶平整。

4. 市售的凝胶如需彻底处理,可在溶胀后再用 0.5 mol/L NaOH + 0.5 mol/L NaCl 溶液在温室中浸泡半小时,但注意必须避免在酸或碱中加热。另外,用过的凝胶柱如需再生,可用 0.1 mol/L NaOH + 0.5 mol/L NaCl 洗涤以去掉堵在凝胶网孔中的杂质,然后用蒸馏水洗至中性备用,一般使用几次后就需再生。

(冯婷婷)

实验三　醋酸纤维素薄膜电泳法分离血清蛋白质

【实验目的】

掌握醋酸纤维素薄膜电泳法的基本原理及操作过程；熟悉影响电泳速率的因素；了解血清蛋白质的各种成分。

【实验原理】

电泳是指带电颗粒在电场中发生迁移的过程。生物大分子，如氨基酸、多肽、蛋白质、核苷酸、核酸等，都具有可解离的基团，在某个特定的 pH 条件下可以带上正或负电荷。在电场的作用下，这些带电粒子会向着相反的电极方向移动。由于待分离样品中各种分子带电性质以及分子本身大小、形状等性质的差异，带电分子产生不同的迁移速度，电泳技术就是利用电场中不同样品的迁移速度不同，从而对样品进行分离、鉴定或提纯的技术。

没有固定支持介质的电泳被称为自由界面电泳，因为扩散和对流都比较强，所以分离效果差。于是出现了固定支持介质的区带电泳。区带电泳是指样品在固定介质中经过电泳，分离成一个个彼此隔开的区带。按支持物物理性状的不同，区带电泳可分为纸电泳、醋酸纤维素薄膜电泳、凝胶电泳等。区带的形成与不同蛋白质在电场中的迁移率有关。影响电泳迁移率的因素除了蛋白所带净电荷的量外，还包括蛋白的大小、形状和立体构象，溶液的 pH、离子强度、电场强度和电渗现象等。

本实验采用以醋酸纤维素薄膜为支持物的电泳法。醋酸纤维素是纤维素的羟基乙酰化所形成的纤维素醋酸酯，将它溶于有机溶剂（如丙酮、氯仿、氯乙烯、乙酸乙酯等）后，涂抹成均匀的薄膜，待溶剂蒸发后即成为醋酸纤维素薄膜。该膜具有均一的泡沫状的结构，厚度约为 $120~\mu m$，有很强的通透性，对分子移动阻力很小。该薄膜电泳具有微量、快速、简便、分辨力高，对样品无拖尾和吸附现象等优点。现已广泛用于血清蛋白、糖蛋白、脂蛋白、血红蛋白、同工酶的分离和测定等方面，是临床常规测定中应用最广的方法之一。

血清蛋白电泳法就是通过电泳的方法测定血清中各种蛋白占总蛋白的百分比。人血清中含有白蛋白、α-球蛋白、β-球蛋白、γ-球蛋白等蛋白质，等电点多在 5～7 之间。在 pH 8.6 的缓冲液中血清蛋白因为携带负电荷，在电场中向阳极移动。本实验以醋酸纤维薄膜为支持物，正常人血清在 pH 8.6 的缓冲体系中电泳 1 h 左右，染色后可显示 5 条区带，如表 3.1 所示。这些区带经洗脱后可用分光光度法定量，也可直接进行光吸收扫描，自动绘出区带吸收峰及相对百分比，临床医学常用它们间相对百分比的改变或异常区带的出现作为临床鉴别诊断的依据。

表 3.1　不同蛋白质的等电点和相对分子质量

蛋白质名称	等电点（PI）	相对分子质量（kPa）
白蛋白	4.88	69
α₁-球蛋白	5.06	200
α₂-球蛋白	5.06	300
β-球蛋白	5.12	90～150
γ-球蛋白	6.85～7.50	156～300

【实验试剂】

1. 巴比妥缓冲液（pH 8.6，离子强度 0.06）：称取巴比妥 1.66 g 和巴比妥钠 12.76 g，溶于 200～300 mL 蒸馏水中，加热溶解，冷却后定容至 1000 mL。

2. 染色液：称取氨基黑 10B 0.5 g，加入甲醇 50 mL、冰醋酸 10 mL、蒸馏水 40 mL，混匀，保存备用。

3. 漂洗液：量取乙醇或甲醇 45 mL、冰醋酸 5 mL、蒸馏水 50 mL，混匀，保存备用。

4. 浸出液：即 0.4 mol/L 氢氧化钠溶液，称取 NaOH 16 g，用少量蒸馏水溶解后定容至 1000 mL。

【实验操作】

1. 准备工作。

准备 2.5 cm×8 cm 的醋酸纤维薄膜，在毛面的一端 1.5 cm 处，用铅笔轻画一横线表示加样位置，并编号。然后将薄膜浸于 pH 8.6 的巴比妥缓冲液中，并使之完全浸透（浸泡约 30 min）。

2. 点样。

用镊子从缓冲液中取出醋酸纤维薄膜，置于洁净的滤纸上，吸去多余的水分，用血清点样器加血清（3～5 μL），然后轻轻地按在薄膜的点样线上，待血清全部渗入薄膜内，移开点样器。

3. 电泳。

将点样好的薄膜用镊子迅速平贴在电泳槽的滤纸桥上，点样面朝下，点样端置于负极。为了使膜条与电场平行，还应把膜条与电极之间压严（不允许有气泡），使膜条绷直，中间不下垂。通电，调整电压约 10 V/cm，电流 0.5 mA/cm，电泳时间约 1 h。电泳过程中要盖好电泳槽盖。

4. 染色与漂洗。

关闭电源，取出膜条，直接浸入染色液中染色约 10 min。染色完毕后，用镊子取出薄膜并立即浸泡于盛有漂洗液的平皿中，反复漂洗 3～4 次，直至背景无色，用滤纸吸干薄膜。

5. 定量。

取试管 6 支,各加入 0.4 mol/L 氢氧化钠溶液 4 mL。挑选所得薄膜中蛋白质区带分离最清晰的薄膜,用剪刀小心剪开五条蛋白质带,另于点样端空白处剪一大小与色带相仿的薄膜作为空白对照组。将所得薄膜条分别放入六支试管中,在 37 ℃ 恒温水浴锅中保温约 30 min,并不时振荡,直至薄膜带上的蓝色全部脱下。选择波长 650 nm 进行比色。以空白膜条的洗脱液作为空白管进行调零,分别读出各个蛋白组分管的吸光度。

6. 计算。

吸光度总和:$T = A(清蛋白) + \alpha_1 + \alpha_2 + \beta + \gamma$

各组分蛋白质的百分数为

$$清蛋白(A) = A/T \times 100\%$$
$$\alpha_1\text{-球蛋白} = \alpha_1/T \times 100\%$$
$$\alpha_2\text{-球蛋白} = \alpha_2/T \times 100\%$$
$$\beta\text{-球蛋白} = \beta/T \times 100\%$$
$$\gamma\text{-球蛋白} = \gamma/T \times 100\%$$

【正常参考值】

白蛋白:57.45%～71.73%,α_1-球蛋白:1.76%～4.48%,α_2-球蛋白:4.04%～8.28%,β-球蛋白:6.79%～11.39%,γ-球蛋白:11.85%～22.97%,清蛋白/球蛋白:1.24%～2.36%。

【注意事项】

1. 标本不能溶血,否则会使 β-球蛋白含量偏高。

2. 点样是否成功关系到电泳结果,选择好的醋酸纤维薄膜,浸泡要均匀,用滤纸吸干的时候要注意,不能太干也不能太湿。点样在薄膜的毛面,点样量要适中。

3. 点样完毕后,将薄膜放入电泳槽后加盖,平衡 3～5 min,通电。电泳过程中要全程加盖,保持膜条湿度,否则会因薄膜干燥而导致电流下降,分离不佳。

4. 电泳时还应注意电流不能过大,每条带以 0.4～0.6 mA/cm 为宜。

(胡若磊)

实验四 蛋白质定量分析（双缩脲法）

【实验目的】

掌握双缩脲法测定蛋白质含量的原理和方法；了解标准曲线的制作方法及其在物质定量测定中的应用。

【实验原理】

双缩脲（NH₂CONHCONH₂）在碱性溶液中与硫酸铜反应生成紫红色化合物，称为双缩脲反应。具有两个或两个以上肽键的化合物皆有双缩脲反应。蛋白质分子中含有许多肽键（—CONH—），与双缩脲结构相似，在碱性溶液中也能与 Cu^{2+} 作用，产生紫红色络合物，其分子结构如下所示：

双缩脲　　　　　　　　双缩脲与铜离子的络合物

蛋白质与铜离子的络合物

其最大吸收波长在 540 nm 处。在一定范围内，其颜色的深浅与蛋白质浓度成正比，而与蛋白质的相对分子质量及氨基酸的组成无关，故可以利用比色法测定蛋白质的含量。

双缩脲法是测定蛋白质浓度的常用方法之一。操作简便、迅速，受蛋白质种类性质的影响较小,但灵敏度较差,而且特异性不高。除—CONH—有此反应外,—CONH$_2$、—CH$_2$NH$_2$、—CS—NH$_2$等基团也有此反应。除此之外,还可以采用凯氏定氮法、Folin-酚试剂法(Lowry法)、紫外分光光度法、考马斯亮蓝结合法、BCA法等常规方法测定蛋白质含量。

凯氏定氮法测定蛋白质含量的原理:样品中含氮有机化合物与浓硫酸在催化剂作用下共热消化,含氮有机物分解产生氨,氨又与硫酸作用变成硫酸铵;然后加碱蒸馏放出氨,氨用过量的硼酸溶液吸收,再用盐酸标准溶液滴定求出总氮即可量换算为蛋白质含量。该方法具有范围广泛、测定结果准确、重现性好的优点,但操作复杂费时、试剂消耗量大。

Folin-酚试剂法(Lowry法)测定蛋白质含量的原理:蛋白质在碱性溶液中,其肽键与Cu^{2+}螯合,形成蛋白质-铜复合物,此复合物使酚试剂的磷钼酸还原,产生蓝色化合物,在一定条件下,可利用蓝色深浅与蛋白质浓度的线性关系作标准曲线并测定样品中蛋白质的浓度。该方法灵敏度高,对水溶性蛋白质含量的测定很有效。缺点是费时,而且Folin-酚试剂的配制比较繁琐,且酚类和柠檬酸、硫酸铵、Tris缓冲液、甘氨酸、糖类、甘油、还原剂(二硫代苏糖醇、巯基乙醇)、EDTA和脲素均会干扰反应。

紫外分光光度法测定蛋白质含量的原理:蛋白质分子中含有共轭双键的酪氨酸、色氨酸等芳香族氨基酸,它们具有吸收紫外光的性质,其最大吸收峰在280 nm波长处,且在此波长内吸收峰的光密度值与其浓度成正比关系,故可作为蛋白质定量测定的依据。但由于各种蛋白质的酪氨酸和色氨酸的含量不同,故要准确定量,必须要有待测蛋白质的纯品作为标准来比较,或已经知道其消光系数作为参考。另外,不少杂质在280 nm波长下也有一定吸收能力,可能发生干扰。本法操作简便迅速,且不消耗样品(可以回收),多用于纯化蛋白质的微量测定。

考马斯亮蓝结合法测定蛋白质含量的原理:考马斯亮蓝能与蛋白质的疏水微区相结合,这种结合具有高敏感性,考马斯亮蓝G-250的最大光吸收峰在465 nm,当它与蛋白质结合形成复合物时,其最大吸收峰改变为595 nm,在595 nm下,光密度与蛋白质含量呈线性关系,故可以用于蛋白质含量的测定。此方法灵敏度高,测定快速、简便、干扰物质少,不受酚类、游离氨基酸和缓冲剂、络合剂的影响,适合大量样品的测定。但由于各种蛋白质中的精氨酸和芳香族氨基酸的含量不同,因此用于不同蛋白质测定时有较大的偏差。

BCA法测定蛋白质含量的原理:BCA(bicinchonininc acid)与含二价铜离子的硫酸铜等其他试剂组成的试剂,颜色呈苹果绿,称为BCA工作试剂;在碱性条件下,BCA与蛋白质结合时,蛋白质将Cu^{2+}还原为Cu$^+$,一个Cu$^+$螯合两个BCA分子,工作试剂的颜色由原来的苹果绿变成紫色,最大光吸收强度与蛋白质浓度成正比,据此可测定蛋白质含量。优点:试剂单一,终产物稳定,除对还原性糖类的干扰敏感外,对其他物质包括常用蛋白质增容的表面活性物质如SDS等均无影响。缺点:反应时间长且蛋白质会发生不可逆的变性。

虽然蛋白质含量的测定方法很多,但是还没有一个绝对完美的方法,在选择测定方法时,可根据实验要求和实验室条件决定。

【实验试剂】

1. 双缩脲试剂:2.5 g硫酸铜(CuSO$_4$·5H$_2$O)加蒸馏水100 mL,加微热助溶;取10.0 g酒石酸钾钠(KNaC$_4$H$_4$O$_6$·4H$_2$O)、5.0 g碘化钾,溶于500 mL蒸馏水中,搅拌加入15%氢

氧化钠溶液 300 mL,然后将硫酸铜溶液倾入,加水稀释至 1000 mL。此试剂可长期保存(如有暗红色沉淀则弃之不用)。

2. 标准蛋白溶液(10 mg/mL):结晶牛血清蛋白或酪蛋白需预先用微量凯氏定氮法测定蛋白质含量,根据其纯度称量,用 0.05 mol/L 氢氧化钠溶液配制。

3. 待测蛋白质溶液:人血清 10 倍稀释,其他蛋白质样品应稀释适当倍数,使其浓度在标准曲线测试范围内。

【主要仪器及器材】

试管及试管架、刻度吸量管、722 型或 721 型分光光度计、恒温水浴箱。

【实验操作】

1. 制作标准曲线。

取试管 6 支,按表 4.1 平行操作。

表 4.1　6 支试管的加液步骤

试剂	0	1	2	3	4	5
标准蛋白质溶液(mL)	0	0.2	0.4	0.6	0.8	1.0(待测蛋白质)
蒸馏水(mL)	1.0	0.8	0.6	0.4	0.2	—
双缩脲试剂(mL)	4.0	4.0	4.0	4.0	4.0	4.0

充分混匀上述各管,室温(20～25 ℃)放置 30 min(或 37 ℃水浴 10 min),540 nm 波长比色,空白管调零,记录各管吸光度值。取两组测定的平均值,以标准蛋白质浓度为横坐标、吸光值 $A_{540\,nm}$ 为纵坐标,绘制标准曲线。

2. 计算。

$$蛋白质浓度(mg/mL) = 标准曲线上查得的蛋白质浓度 \times 稀释倍数$$

【注意事项】

1. 本实验方法蛋白质的测定范围为 1～10 mg/mL。

2. 需于显色后 30 min 内比色测定。30 min 后,可有雾状沉淀发生。各管由显色到比色的时间应尽可能一致。

3. 有大量脂肪性物质同时存在时,会产生浑浊的反应混合物,这时可用乙醇或石油醚使溶液澄清后离心,取上清液再测定。

(范新炯)

实验五　酶的定性实验

【实验目的】

掌握酶促反应的特点;理解作为生物催化剂的酶,其活性受底物浓度、温度、溶液 pH、激动剂和抑制剂等多种因素的影响。

一、酶的特异性

【实验原理】

淀粉酶只能催化淀粉水解,而不能催化蔗糖水解。本实验以唾液淀粉酶及蔗糖酶催化不同底物的水解作用来观察酶的特异性。淀粉、蔗糖没有还原性,经酶作用后水解出的还原糖,能使班氏(Benedict)试剂中的 Cu^{2+} 还原成 Cu^+,形成砖红色的 Cu_2O 沉淀。

【实验试剂】

1. 1%淀粉溶液(含 0.3%氯化钠):称取淀粉 10 g,加少量蒸馏水调成糊状,加煮沸的含 3 g 氯化钠的蒸馏水至 1000 mL。

2. 1%蔗糖溶液。

3. 蔗糖酶液:称取蔗糖酶干粉制剂(活性≥200 U/mg)20 mg,先加少量蒸馏水溶解,再加蒸馏水至 100 mL。或者自制蔗糖酶液:称取新鲜酵母 25 g 于研体中,加入少量玻璃砂和 40 mL 乙醚,充分研磨。取 100 mL 蒸馏水边加边磨,然后用滤纸过滤,滤液用蒸馏水一倍稀释。

4. 班氏试剂:① A 液:称取结晶硫酸铜($CuSO_4 \cdot 5H_2O$)17.3 g 于 100 mL 蒸馏水中,溶解后稀释至 150 mL。② B 液:称取柠檬酸钠 173 g 和无水碳酸钠 100 g 于 600 mL 蒸馏水中,加热溶解,待冷却后稀释至 850 mL,取 A 液慢慢倾入 B 液中,边倾边摇匀。

【实验操作】

1. 收集唾液:取一漏斗,塞一薄层脱脂棉,加少量蒸馏水润湿后插入一洁净试管内,漱口后收集唾液并过滤,吸取 1.0 mL,用蒸馏水 10 倍稀释。

2. 取试管 8 支,按表 5.1 操作:

表 5.1　8 支试管的加液步骤

试　剂(滴)	1	2	3	4	5	6	7	8
1%淀粉(含 0.3%NaCl)(滴)	2	—	—	2	—	—	2	—
1%蔗糖(滴)	—	2	—	—	2	—	—	2
唾液(滴)	2	2	2	—	—	—	—	—
蔗糖酶液(滴)	—	—	—	—	2	2	2	—
蒸馏水(滴)	—	—	2	2	—	2	—	2

将各管放入 37 ℃ 水浴中 10 min,冷却后,每管加班氏试剂 2 滴,沸水浴 1~2 min,观察结果。

【注意事项】

收集唾液时,脱脂棉一定要薄而均匀。

二、酶的高效性

【实验原理】

本实验以过氧化氢为底物,通过比较过氧化氢酶和铁离子催化速度的差异,了解酶促反应的高效性。

【实验试剂】

1. 血液:用肝素钠抗凝,再用 0.9%氯化钠液稀释 1 倍。

2. 煮沸血液:取抗凝血 5 mL,加 0.9%氯化钠溶液 5 mL,煮沸备用。

3. 30%过氧化氢。

4. 0.2%三氯化铁。

【实验操作】

取试管 4 支,编号,按表 5.2 操作:

表 5.2　4 支试管的加液步骤

试　剂	1	2	3	4
30%过氧化氢(滴)	2	2	2	2
血液(滴)	—	2	—	—
煮沸血液(滴)	—	—	2	—
0.2%三氯化铁溶液(滴)	—	—	—	2

混匀静置 10 min,观察比较各管结果并解释之。

三、pH 对酶活性的影响

【实验原理】

pH 对酶活性有显著的影响。只有在一定的 pH 范围内,酶才能表现催化活性,当 pH 达到某一数值时,酶的活性最大,这一 pH 称为酶的最适 pH,本实验以唾液淀粉酶为例,验证 pH 对酶活性的影响(已知唾液淀粉酶的最适 pH 为 6.9)。

【实验试剂】

1. 1%淀粉溶液(含 0.3%NaCl):称取淀粉 10 g,加少量蒸馏水调成糊状,加煮沸的含 3 g 氯化钠的蒸馏水至 1000 mL。

2. 磷酸缓冲液:① A 液:0.2 mol/L NaH_2PO_4 溶液:称取 $NaH_2PO_4 \cdot 2H_2O$ 31.2 g 溶于蒸馏水中,溶解后稀释至 1000 mL,以 0.2 mol/L HCl 调至 pH 5.0。② B 液:0.2 mol/L Na_2HPO_4 溶液:称取无水 Na_2HPO_4 28.396 g(或取 $Na_2HPO_4 \cdot 12H_2O$ 71.7 g)溶于蒸馏水中,溶解后稀释至 1000 mL。

3. pH 5.0 磷酸缓冲液:A 液。

4. pH 6.9 磷酸缓冲液:A 液 45 mL 中加 B 液 55 mL。

5. pH 9.0 磷酸缓冲液：B 液 60 mL 中加 0.2 mol/L NaOH 2 mL。

6. 0.25%碘液：称取 I$_2$ 2.5 g，KI 10 g 于少量蒸馏水中，溶解后稀释至 1000 mL。

7. 唾液（10 倍稀释）。

【实验操作】

取试管 3 支，编号，按表 5.3 操作：

表 5.3　3 支试管的加液步骤

试　剂	1	2	3
磷酸缓冲液(mL)	2(pH 5.0)	2(pH 6.9)	2(pH 9.0)
1%淀粉(含 0.3%NaCl)(mL)	2	2	2
唾液(10 倍稀释)(滴)	10	10	10

混匀各管，置 37 ℃水浴保温。

取白瓷板一块，在各池穴中预先加入 0.25%碘液 1～2 滴，每隔 1 min 从第 2 管中用滴管取溶液 1 滴，加到已有 0.25%碘液的白瓷板上，直到此管不与碘液呈色为止（即呈碘原有的碘黄色），各管加 0.25%碘液 2 滴，摇匀，观察颜色并解释之。

【注意事项】

1. 各管应充分摇匀，按时检查第 2 管水解情况。
2. 注意反应时间，密切观察颜色。

四、激动剂和抑制剂对酶促反应速度的影响

【实验原理】

酶的活性可受到某些物质的影响，能够使酶活性增强的物质，称为酶的激动剂，能够使酶活性降低的物质，称为酶的抑制剂。例如 Cl$^-$ 是唾液淀粉酶的激动剂，Cu^{2+} 是该酶的抑制剂。

本实验以氯化钠和硫酸铜对唾液淀粉酶活性的影响，观察酶的激活和抑制。

【实验试剂】

1. 1%淀粉溶液。
2. 1%氯化钠溶液。
3. 1%硫酸铜溶液。
4. 0.25%碘液。

【实验操作】

取试管3支,标号,按表5.4操作。

表5.4　3支试管的加液步骤

试剂	1	2	3
1%淀粉溶液(滴)	20	20	20
1%氯化钠溶液(滴)	—	6	—
1%硫酸铜溶液(滴)	—	—	6
唾液(10倍稀释)(滴)	10	10	10
蒸馏水(滴)	6	—	—

混匀后放入37℃水浴保温。

取白瓷板一块,在各池穴中预先加入0.25%碘液1～2滴,每隔0.5 min从第1管中用滴管取溶液1滴加到已有0.25%碘液的白瓷板上观察。当白瓷板上溶液呈紫红色时,立刻向各管加0.25%碘液2滴,摇匀,观察颜色并解释之。

【注意事项】

每管中加入的底物是不含氯化钠的1%的淀粉溶液。

(顾芳)

实验六　碱性磷酸酶 K_m 值测定

【实验目的】

了解 K_m 值是酶的特征性常数之一；以碱性磷酸酶为实例掌握 K_m 值测定的原理和方法。

【实验原理】

在反应温度、pH 及酶浓度一定的条件下，底物浓度（$[S]$）的变化对酶促反应速度（V）影响很大。$[S]$ 与 V 的关系可用米曼氏方程（Michaelis-Menten）表示：

$$V = \frac{V_{max}[S]}{V_m + [S]}$$

式中，V_{max} 为最大反应速度，K_m 为米氏常数。

当反应速度等于 V_{max} 一半时，$K_m = [S]$，K_m 的单位与 $[S]$ 相同，可用浓度 mol/L 或 mmol/L 表示。研究表明，大多数酶的 K_m 值在 $0.01 \sim 100$ mmol/L 之间。以 $[S]$ 对 V 作图可得一双曲线，如图 6.1 所示。在 $[S]$ 很低时，方程简化为：

$$V = \left[\frac{K_m}{V_{max}}\right] \cdot [S]$$

此时，V 与 $[S]$ 成正比，随着 $[S]$ 的继续增加，V 增加的速度逐渐减少，此时，需要使用整个方程。当 $[S]$ 增加到某一数值时，V 达一极值，即 $V = V_{max}$。

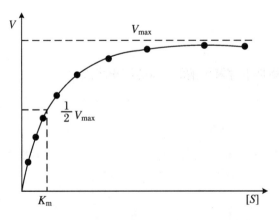

图 6.1　$[S]$ 对 V 的影响

由于米曼氏方程中$[S]$与V的关系为一双曲线,V_{max}的精确值难以求得,所以不能精确求得为计算 K_m 值所需的 $1/2V_{max}$ 值,Lineweaver-Burk 将米曼氏方程改变为双倒数方程,即:

$$\frac{1}{V} = \frac{K_m}{V_{max}}\frac{1}{[S]} + \frac{1}{V_{max}}$$

以 $1/V$ 为纵坐标,$1/[S]$为横坐标进行作图,且作直线的延长线得一横截距为 $-1/K_m$,由此即可求出 K_m值,如图 6.2 所示。

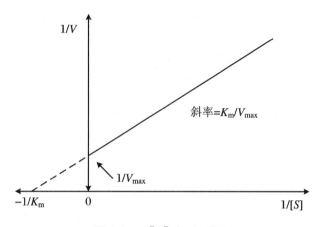

图6.2 $1/[S]$对$1/V$作图

本实验以碱性磷酸酶为实例,测定不同底物浓度时酶的反应速度,根据 Lineweaver-Burk 方程作图,求得 K_m值。

以磷酸苯二钠为底物,在酶的催化作用下,产生游离的苯酚和无机磷酸盐,酚在碱性条件下与4-氨基安替比林作用,经铁氰化钾氧化,生成红色的醌衍生物,其化学反应方程式如下所示。其颜色深浅与酚含量成正比,通过比色法求出酶的活力(即酶反应速度)。

【**实验试剂**】

1. 0.1 mol/L pH 10 碳酸盐缓冲液:无水碳酸钠 6.36 g,碳酸氢钠 3.36 g,用双蒸水溶解后定容至 1000 mL。

2. 0.02 mol/L 基质液：磷酸苯二钠（$C_6H_5PO_4Na_2 \cdot 2H_2O$）10.16 g 或磷酸苯钠（无结晶水）8.72 g，用双蒸水溶解后定容至 1000 mL，加入 4 mL 氯仿防腐，存放于棕色瓶中，避光保存于冰箱中（此液只能用 1 周）。

3. 0.1 mol/L 醋酸镁：醋酸镁 21.45 g，溶解于蒸馏水中，定容至 1000 mL。

4. 0.1 mol/L pH 8.8 Tris 缓冲液：三羟甲基氨基甲烷（Tris）12.1 g，溶解于蒸馏水中，定容至 1000 mL，即为 0.1 mol/L Tris 液。取 100 mL 0.1 mol/L Tris 液，加蒸馏水约 800 mL，再加 0.1 mol/L 醋酸镁 100 mL，混匀后用 1%醋酸调节 pH 至 8.8，再加入蒸馏水定容至 1000 mL。

5. 酶液：碱性磷酸酶 2.5 mg，使用 pH 8.8 Tris 缓冲液配制成 100 mL，冰箱保存、备用。

6. 碱性溶液：0.5 mol/L NaOH。

7. 0.3% 4-氨基安替比林：4-氨基安替比林 3 g，碳酸氢钠 42 g，加入蒸馏水定容至 1000 mL。

8. 0.5% 铁氰化钾：铁氰化钾 5 g，硼酸 15 g，加入蒸馏水定容至 1000 mL，棕色瓶暗处保存。

【操作步骤】

取试管 8 支，按表 6.1 进行实验操作。

表 6.1　8 支试管的加液步骤

试剂	1	2	3	4	5	6	7	8
基质液(0.02 mol/L)(mL)	0.05	0.10	0.15	0.20	0.25	0.30	0.40	—
碳酸缓冲液(pH 10)(mL)	0.70	0.70	0.70	0.70	0.70	0.70	0.70	0.70
蒸馏水(mL)	0.85	0.80	0.75	0.70	0.65	0.60	0.50	0.90
37 ℃保温 10 min								
酶液	0.40	0.40	0.40	0.40	0.40	0.40	0.40	0.40
加入酶液立即计时，混匀后 37 ℃保温 15 min								
最终底物浓度(mmoL/L)(mL)	0.50	1.00	1.50	2.00	2.50	3.00	4.00	0

保温结束后，立即加入碱性溶液 1.0 mL 终止反应。然后，向各管中分别加入 0.3% 4-氨基安替比林 1.0 mL 及 0.5%铁氰化钾 2.0 mL，充分混匀，放置 10 min，以第 8 管调零，于 510 nm 波长进行比色，测定各管吸光度。

以各管的 1/底物浓度为横坐标，以各管 1/A 为纵坐标，延长直线与横坐标的交点为 $-1/K_m$，求出该酶对该种底物的 K_m 值。

【注意事项】

1. 使用可调式移液器吸取液体时应缓慢匀速操作，防止液体倒吸进入吸管中，腐蚀移液器。

2. 底物浓度和酶浓度对酶促反应速度影响较大,实验的成功与否,在很大程度上取决于基质溶液和酶液吸量的准确性。

3. 本实验以 $1/[S]$ 和 $1/V$ 作图,酶促反应速度与吸光度成正比,故以 $1/A$ 代替 $1/V$ 作图。如作标准曲线,则可计算出不同底物浓度产生的苯酚量。

（黄海良）

实验七　蔗糖酶的酶活力和 K_m 测定

【实验目的】

了解酶活力分析方法;以蔗糖酶为实例掌握酶的酶活力和 K_m 值测定的原理和方法,并了解葡萄糖测定标准曲线的方法。

【实验原理】

在本实验中,蔗糖酶活力单位被定义为:在一定条件下,反应 5 min,每产生 1 mg 葡萄糖所需的酶量为 1 个活力单位。

K_m 值是酶的基本的特征常数之一,等于酶促反应初速度为最大反应速度一半时所对应的底物浓度。K_m 值可近似地反映酶与底物的亲和力大小,K_m 值越小,其亲和力越大。K_m 值测定原理见实验六。

本实验以蔗糖为底物,利用一定量的蔗糖酶,水解不同浓度的蔗糖。蔗糖酶是一种水解酶,将蔗糖水解成葡萄糖和果糖。该反应的速率可以用单位时间内葡萄糖浓度的增加来表示;葡萄糖与 3,5-二硝基水杨酸共热后被还原成棕红色的氨基化合物 3-氨基-5-硝基水杨酸,该物质对 520 nm 波长的光有最大光吸收。在一定浓度范围内,葡萄糖的量和棕红色物质颜色深浅程度成一定比例关系,因此可以用分光光度计来测定反应在单位时间内生成葡萄糖的量,从而计算出反应速率。所以测量不同底物(蔗糖)浓度 $[S]$ 的相应反应速率 V,就可用作图法计算出米氏常数 K_m 值。

【实验试剂】

1. 葡萄糖标准液(1 mg/mL):准确称取葡萄糖 100 mg,溶于少量饱和的苯甲酸溶液中(0.3%),转入 100 mL 容量瓶,再以同液(饱和的苯甲酸溶液)稀释到刻度,混匀,置冰箱中可长期保存。

2. 0.1 mol/L 乙酸缓冲液(pH 4.5):取 1 mol/L 乙酸钠溶液 43 mL,1 mol/L 乙酸溶液 57 mL,混匀后用蒸馏水稀释至 1000 mL。

3. 10%蔗糖溶液(pH 4.5):准确称取蔗糖 10 g,溶于少量 pH 4.5 的 0.1 mol/L 乙酸缓冲液中,转入 100 mL 容量瓶,再以同液(乙酸缓冲液)稀释至 100 mL。

4. 6.5%蔗糖溶液(pH 4.5):准确称取蔗糖 6.5 g,按上述方法配置成 100 mL 溶液。

5.3,5-二硝基水杨酸溶液:① 溶液 A:取 4.5%氢氧化钠溶液 300 mL,1% 3,5-二硝基水杨酸溶液 880 mL,酒石酸钾钠 25.5 g,混匀。② 溶液 B:取结晶酚 10 g,10%氢氧化钠溶液22 mL,加蒸馏水至 100 mL,混匀。③ 溶液 C:取亚硫酸氢钠 6.9 g,溶于 64 mL 溶液 B 中;将溶液 C 和溶液 A 混合,用力振摇使其均匀,放置 1 周后备用。

6.酵母蔗糖酶溶液:称取新鲜酵母 10 g,放入研钵中,加入少量细砂和 10～15 mL 蒸馏水,磨细后置冰箱中过滤。于滤液中加入 2～3 倍体积的冷丙酮,搅拌均匀后,3000 r/min 离心 30 min,去上清液,沉淀部分用丙酮洗 2 次,真空干燥得固体酶粉。将酶粉溶于 100 mL 蒸馏水中,即为蔗糖酶液。若有不溶性物质,可离心除去。该酶活力以 6～12 单位为佳。

7.0.1 mol/L 氢氧化钠溶液。

【实验操作】

1.葡萄糖标准曲线的制作。
取长试管 6 支,按表 7.1 操作。

表 7.1　6 支试管的加液步骤

试剂	1	2	3	4	5	6
标准葡萄糖溶液(mL)	0	0.2	0.4	0.6	0.8	1.0
蒸馏水(mL)	2.0	1.8	1.6	1.4	1.2	1.0
3,5-二硝基水杨酸溶液(mL)	1.5	1.5	1.5	1.5	1.5	1.5
沸水浴 5 min,迅速取出,流水冷却						
蒸馏水(mL)	9.0	9.0	9.0	9.0	9.0	9.0

混匀后,以 1 号管调零,于 520 nm 波长下测定各管吸光度。以葡萄糖含量为横坐标,吸光度为纵坐标作图,即为葡萄糖标准曲线。

2.酶活力测定。
取长试管 3 支,按表 7.2 操作。

表 7.2　3 支试管的加液步骤

试剂	1	2	3
6.5%蔗糖溶液(mL)	2.5	2.5	2.5
蒸馏水(mL)	0.2	0	0
0.1 mol/L 氢氧化钠(mL)	0	0	2.5
25 ℃水浴 5 min			
蔗糖酶液(mL)	0.3	0.5	0.5
25 ℃水浴 5 min(时间要准确控制)			
0.1 mol/L 氢氧化钠(mL)	2.5	2.5	0

混匀上述各管,取长试管4支,按表7.3操作。

表7.3 4支试管的加液步骤

试剂	1	2	3	4
1号反应管反应液(mL)	0.5	0	0	0
2号反应管反应液(mL)	0	0.5	0	0
3号反应管反应液(mL)	0	0	0.5	0
蒸馏水(mL)	0.5	0.5	0.5	1.0
3,5-二硝基水杨酸溶液(mL)	1.5	1.5	1.5	1.5
沸水浴5 min,迅速取出,流水冷却				
蒸馏水(mL)	10.0	10.0	10.0	10.0

混匀后,以4号管调零,于520 nm波长下测定各管吸光度。以测定管吸光度值减去对照管吸光度值,用差值在葡萄糖标准曲线上查出相应的葡萄糖含量,再乘以11,除以0.3或0.5,即为每毫升酶液的酶活力单位。测定管中由蔗糖酶催化水解而产生的葡萄糖含量在0.4~0.6 mg之间为佳,如过高或过低,应适当改变蔗糖酶液的浓度或反应液用量,然后再行测定。

3. K_m值的测定。

取长试管6支,按表7.4操作。

表7.4 6支试管的加液步骤

试剂	1	2	3	4	5	6
10%蔗糖溶液(mL)	0.2	0.3	0.6	0.9	1.2	1.5
乙酸缓冲液(mL)	2.3	2.2	1.9	1.6	1.3	1.0
蒸馏水(mL)						
25 ℃水浴5 min						
蔗糖酶液(mL)						
25 ℃水浴5 min(时间要准确控制)						
0.1 mol/L氢氧化钠(mL)	2.5	2.5	2.5	2.5	2.5	2.5

蔗糖酶液的用量根据实验操作2中蔗糖酶活力测定的数据进行调整,蔗糖酶液和蒸馏水的总体积为0.5 mL。

混匀上述各管,取长试管7支,按表7.5操作。

表 7.5　7 支试管的加液步骤

试剂	1	2	3	4	5	6	7
表 7.4 相应管号的反应液（mL）	0.5	0.5	0.5	0.5	0.5	0.5	0
蒸馏水（mL）	0.5	0.5	0.5	0.5	0.5	0.5	1.0
3,5-二硝基水杨酸溶液（mL）	1.5	1.5	1.5	1.5	1.5	1.5	1.5
沸水浴 5 min，迅速取出，流水冷却							
蒸馏水（mL）	10.0	10.0	10.0	10.0	10.0	10.0	10.0

混匀后，以 7 号管调零，于 520 nm 波长下测定各管吸光度。各管吸光度从标准曲线上查出相应的葡萄糖的毫克数，再乘以 11，即得各管的产物量，记为 v。然后分别写出各管的 $[S]$、$1/[S]$、v 及 $1/v$，用双倒数作图法作图，即可求出蔗糖酶的 K_m。

【注意事项】

1. 本实验为酶的定量实验，反应中的底物浓度、酶浓度、反应条件和反应时间等应严格控制，加量必须准确，加蔗糖酶液时速度要快，保证各管反应时间一致。

2. 所用试管必须干净，所用试管应用洗液浸泡、冲洗干净，待干燥后使用。

3. 在 K_m 测定时，应根据酶活力测定对照管的结果，判断是否需要设对照管。若蔗糖及酶液中还原糖含量极微（对照管吸光度值低于 0.2），在 K_m 测定时可不设对照管；若蔗糖及酶液中还原糖含量较高，则需设对照管以消除其对结果的影响。若设对照管，对照管的操作步骤中除蔗糖酶液最后加入外（即在 0.1 mol/L 氢氧化钠之后加入），其余均相同。

4. 大多数纯酶的 K_m 值在 0.01～100 mmol/L。

（张素梅）

实验八　糖酵解实验

【实验目的】

学习红细胞中糖代谢的特点；了解运动时肌肉组织糖代谢的特点。掌握乳酸测定的原理和方法。

一、红细胞中糖酵解作用

【实验原理】

组织、细胞中的糖原或葡萄糖在缺氧情况下，受一系列酶的催化作用，生成丙酮酸或乳酸的过程称为糖酵解，亦称为糖的无氧氧化。成熟的红细胞无线粒体，不能进行糖的有氧氧化，即使在有氧条件下，也主要依靠糖酵解供能。

将分离的红细胞置于含有葡萄糖的缓冲液中孵育，糖酵解生成乳酸，加水和三氯醋酸使红细胞崩解并沉淀蛋白质，使用硫酸铜和氢氧化钙吸附法去除糖及残存的蛋白质后，乳酸在浓硫酸的作用下生成乙醛，后者在 Cu^{2+} 存在下与对羟联苯反应，生成紫红色化合物。根据颜色变化，可定性或定量了解红细胞糖酵解情况。反应过程如下：

$$CH_3CHOHCOOH \xrightarrow[\Delta]{\text{浓硫酸}} CH_3CHO+HCOOH$$

紫红色

【实验试剂】

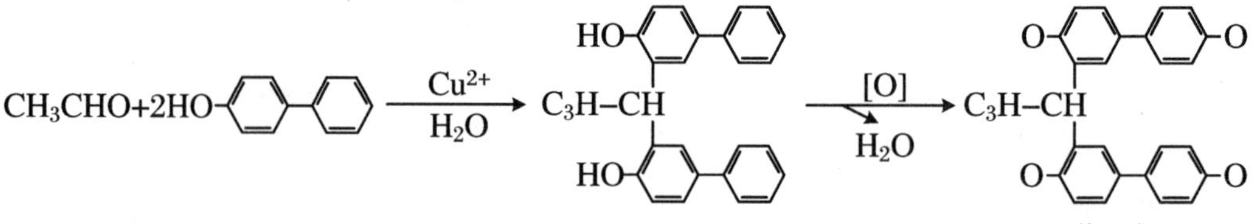

1. 红细胞悬液：取带刻度的离心管 1 支，放入肝素抗凝新鲜血液 2.5 mL 以 3000 r/min

速度离心 10 min,弃去上层血浆、白细胞及血小板层,用 3～4 倍体积的 0.9%NaCl 洗红细胞,离心弃去上层液。如此重复用 0.9%NaCl 洗 2 次,然后用 0.9%NaCl 配成 5±0.5%的红细胞悬液,4 ℃保存备用,当天配制。

2. 0.9% NaCl。

3. 0.06 mol/L 葡萄糖磷酸盐缓冲液(pH 7.4):称取葡萄糖 10.8 g,加入 0.4 mol/L $NaH_2PO_4$810 mL 和 0.4 mol/L Na_2HPO_4 190 mL。

4. 10%三氯醋酸。

5. 20%硫酸铜。

6. 4%硫酸铜。

7. 氢氧化钙粉末。

8. 浓硫酸(优级纯)。

9. 0.5%对羟联苯碱性溶液:称取对羟联苯 0.5 g,溶于 5%氢氧化钠 10 mL,加入蒸馏水至 100 mL,贮存于棕色瓶中。

【实验步骤】

1. 取短试管(10×100 mm)2 支,分别标记为 A 和 B。

(1) A 管中加入红细胞悬液 0.4 mL、蒸馏水 2.2 mL,混匀以溶血,加入三氯醋酸 2 mL,混匀后再加入 0.06 mol/L 葡萄糖磷酸盐缓冲液 0.4 mL,混匀,室温放置 5 min 后,3000 r/min离心 5 min,留取上清。

(2) B 管中加入红细胞悬液 0.4 mL、0.06 mol/L 葡萄糖磷酸盐缓冲液 0.4 mL,混匀,37 ℃水浴中保温 30 min,取出加入蒸馏水 2.2 mL,混匀,加入三氯醋酸 2 mL,充分混匀,室温放置 5 min 后,3000 r/min 离心 5 min,留取上清。

2. 取 A、B 管上清液各 1.0 mL 置于新的短试管中,各加入 20%硫酸铜 0.5 mL、氢氧化钙粉末 0.5 g、蒸馏水 3 mL,使用玻璃棒搅拌均匀,室温放置 30 min(期间搅匀 2～3 次),4000 r/min 离心 5 min,留取上清。

3. 取 A、B 管上清液各 0.5 mL 置于新的长试管(10 mm×150 mm)中,各加入 4%硫酸铜1 滴,浓硫酸 3 mL,充分混匀,沸水浴 5 min,取出后流水下冷却。

4. 各管中滴加 0.5%对羟联苯碱性溶液 2 滴,剧烈振摇使成悬液,沸水浴 1.5 min,取出后流水下冷却,比较两管溶液颜色的深浅。

【注意事项】

1. 红细胞必须新鲜,且要洗净。
2. 浓硫酸质量要保证,必须是优级纯,否则影响显色结果。

二、运动对骨骼肌糖代谢的影响

【实验原理】

乳酸是糖酵解的终产物,一般情况下,机体糖代谢以有氧氧化为主,乳酸产生很少,尿中不易查出。当剧烈运动时,机体所需能量急剧增加,而氧供不足,肌肉处于相对缺氧状态,此时,肌肉糖酵解增加,以满足肌肉组织能量的部分急需,因而乳酸生成增多,尿中乳酸含量显著增加。

尿中乳酸测定的原理为先使用硫酸铜和氢氧化钙吸附去除尿液当中的蛋白质和糖类,再使乳酸与浓硫酸共热生成乙醛,后者在 Cu^{2+} 存在下与对羟联苯反应产生紫红色化合物,比较运动前后尿液颜色的深浅即可了解糖酵解的强度。

【实验试剂】

1. 尿液(运动前、后各一份):同学自己收集。
2. 20%硫酸铜。
3. 氢氧化钙粉末。
4. 浓硫酸(优级纯)。
5. 0.5%对羟联苯碱性溶液:称取对羟联苯 0.5 g,溶于 5%氢氧化钠 10 mL,加入蒸馏水至 100 mL,贮存于棕色瓶中。

【实验操作】

1. 尿液标本收集:实验前排尿一次,30 min 后收集全部尿液,即为运动前尿;立即剧烈运动(快速跑、上下楼梯等)5 min,自运动开始后 30 min 再收集全部尿液,即为运动后尿。
2. 取运动前、后尿液各 5 mL,分别加入两试管中,各加 20%硫酸铜溶液 1 mL、氢氧化钙粉末 0.5 g,直至溶液呈纯蓝色(不足则再加氢氧化钙粉末),搅拌混匀,静置 10 min,3000 r/min离心 10 min,留取上清液。
3. 取试管 2 支,分别标记为 1、2,按表 8.1 进行后续操作。

表 8.1　2 支试管的加液步骤

试剂	1	2
运动前尿上清(滴)	10	
运动后尿上清(滴)	10	
冷水中放置 1 min		
浓硫酸(滴)	3	3
混匀,沸水浴中 5 min		
冷水中放置 1 min		
对羟联苯碱性溶液(滴)	3	3

充分振荡混匀,两管同时沸水浴 1 min,观察颜色变化。

【注意事项】

1. 某些无机离子如铁、铬、锌等会干扰乙醛与对羟联苯的反应颜色。皮肤汗液中含有的微量乳酸,污染样品会引起误差,因此,容器应洁净干燥。

2. 浓硫酸质量要求较高,最好使用优级纯。浓硫酸具有强烈腐蚀性,操作应格外小心。

3. 对羟联苯难溶于浓硫酸,必须充分振荡才能成为悬液。

4. 去除蛋白质和糖类要彻底,否则会干扰实验结果。

5. 若使用乳酸锂配成标准液并制作标准曲线,可以定量测定乳酸含量。

(黄海良)

实验九　胆固醇氧化酶法测定血清总胆固醇

【实验目的】

了解体内胆固醇代谢的过程;掌握胆固醇氧化酶法测定血清中的总胆固醇。

【实验原理】

血清中胆固醇酯可以在胆固醇酯酶(CE)的作用下生成胆固醇和脂肪酸。血清总胆固醇在胆固醇氧化酶(CO)的作用下生成胆固醇-4-烯-3-酮和过氧化氢,后者与4-氨基比林(4-AAP)、苯酚在过氧化物酶(POD)作用下生成红色的醌类化合物,生成的醌类化合物颜色的深浅与胆固醇的含量成正比,可以通过比色法测定,其反应方程式如下所示:

$$胆固醇酯 \xrightarrow{\text{CE}} 胆固醇 + 脂肪酸$$

$$胆固醇 + O_2 \xrightarrow{\text{CO}} \Delta^4 胆甾烯酮 + H_2O_2$$

$$H_2O_2 + 4\text{-}AAP + 苯酚 \xrightarrow{\text{POD}} 红色醌化物 + H_2O$$

【实验试剂】

1. 兔血清或人血清。
2. 本实验使用南京建成生物工程研究所的总胆固醇(T-CHO)测试盒,见表9.1。

表9.1　总胆固醇测试盒中的几种试剂的规格、组分和浓度

试剂组成	规格	组分	浓度
工作液(酶剂)	100 mL×1 瓶	缓冲液	50 mmol/L pH 6.7
		苯酚	5 mmol/L
		4-AAP	0.3 mmol/L
		胆固醇酯酶	≥50 KU/L
		胆固醇氧化酶	≥25 KU/L
		过氧化物酶	≥1.3 KU/L
校准品	0.1 mL×1 瓶	胆固醇	5.17 mmol/L

【实验操作】

将表9.2中4种试剂混匀,37 ℃孵育10 min,将分光光度计波长调至510 nm,蒸馏水调零,测定各管吸光度(A)值。按下列公式计算:

$$\frac{总胆固醇含量}{(mmol/L)} = \frac{样本\,OD\,值 - 空白\,OD\,值}{校准\,OD\,值 - 空白\,OD\,值} \times \frac{校准品浓度}{(mmol/L)}$$

表9.2　3支试管的加液步骤

试剂	空白管	标准管	测定管
蒸馏水(μL)	10	—	—
校准品(μL)	—	10	—
样本(μL)	—	—	10
工作液(μL)	1000	1000	1000

【注意事项】

检测的标本若出现较严重的溶血会对结果有影响。

(顾芳)

实验十 氨基移换及精氨酸酶在尿素形成中的作用

【实验目的】

掌握氨基移换作用的原理和条件;学会用纸层析法来分离反应液中的不同氨基酸组分,并以茚三酮作显色剂,判断试管中有无氨基移换作用发生。了解肝脏是生成尿素的主要器官,并加深对鸟氨酸循环的认识。

一、氨基移换作用

【实验原理】

氨基酸分子上的 α-氨基转移到 α-酮酸分子上,称转氨基作用。催化其反应的酶称为转氨酶,它分布于机体各组织中,转氨酶最适的 pH 为 7.4,不同的氨基酸与 α-酮酸之间的转氨基作用只能由特异的转氨酶催化。组织中谷氨酸和丙酮酸的转氨基作用是在谷丙转氨酶(ALT)催化下进行的,当肝匀浆与谷氨酸、丙酮酸混合液在适当的 pH 溶液中保温时,转氨基作用即可发生,其反应方程式如下所示。用纸层析法检出溶液中如果有产物丙氨酸的生成,即可说明转氨基作用的发生。

L-丙氨酸　　　　　α-酮戊二酸　　　　　　　　　α-丙酮酸　　　　　L-谷氨酸

【实验试剂】

1. 0.1 mol/L 谷氨酸溶液:称取 1.47 g 谷氨酸溶解在 100 mL 1%的 $NaHCO_3$ 溶液中。
2. 0.02 mol/L 谷氨酸溶液:取 1 配置的溶液,用 1%$NaHCO_3$ 溶液稀释 5 倍。
3. 丙酮酸溶液(每毫升含丙酮酸钠 11 mg):称取 1.1 g 丙酮酸钠溶于 100 mL 蒸馏水中。
4. 0.02 mol/L 丙氨酸溶液:称取 0.178 g 丙氨酸溶于 100 mL 蒸馏水中。
5. 1%的 $NaHCO_3$ 溶液。
6. 0.1%的 $NaHCO_3$ 溶液。
7. 15%三氯醋酸溶液。
8. 80%酚溶液(V/V,又称展开剂):取新蒸馏的酚与蒸馏水以 4:1 比例剧烈振摇混匀后,贮存于棕色瓶中。
9. 0.1%茚三酮乙醇溶液(又称显色剂):称取 0.1 g 茚三酮溶解于 100 mL 95%乙醇中。
10. 浓氨水。

【实验操作】

1. 制备肝匀浆:家兔颈动脉放血,血放尽后取新鲜肝脏约 5 g,在研钵中用剪刀充分剪碎。加 10 mL 生理盐水,迅速研磨至匀浆,用两层纱布过滤,即得肝匀浆。取此肝匀浆 1/4 量煮沸,即得煮沸肝匀浆(由实验准备人员准备)。

2. 取 4 支洁净、干燥的试管,编好号后,按表 10.1 操作,加好上述溶液后,混匀各管并放入 37 ℃水浴中保温 30 min 或者 55~60 ℃水浴中保温 20 min(中间摇晃一次),取出各管并加入 15%三氯醋酸 1 mL,摇匀后室温放置 10 min,用小漏斗过滤,取滤液供纸层析使用。

表 10.1　4 支试管的加液步骤

试剂	1	2	3	4
0.1 mol/L 谷氨酸溶液(滴)	10	10	—	10
丙酮酸溶液(滴)	10	—	10	10
0.1%的 $NaHCO_3$ 溶液(滴)	10	10	10	10
肝匀浆(滴)	10	10	10	—
煮沸肝匀浆(滴)	—	—	—	10

3. 纸层析及显色:取定性圆形滤纸一张,找出圆心,用圆规画一直径为 0.6 cm 的细圆圈,用剪刀剪成小孔。再用铅笔在滤纸上划为六等分,每一等分分别标记上谷、丙、1、2、3、4 字样,每一区域内距离圆心 1.5 cm 处画一圆圈线,与等分线交叉,作为上样标记。另取滤纸

卷成长约 1.5 cm 的圆条,插入中间小洞中。取标记好的毛细管依次在上样处点样,标准品(0.02 mol/L 丙氨酸、0.02 mol/L 谷氨酸)及各管样品各点 1 次,点样直径不超过 0.5 cm,待干后将滤纸点样面朝下放在浓氨水瓶口熏 1~2 min。将展开剂放入直径为 3~5 cm 的表面皿中,将表面皿置于直径为 10 cm 左右,高为 2 cm 的培养皿中,将熏好氨水的圆形滤纸放置在培养皿上,其筒芯浸入展开剂中。另取一直径为 10 cm 的培养皿盖上,可见展开剂会慢慢沿着筒芯上升到滤纸,再向滤纸四周扩展。待溶剂前沿扩展到滤纸边缘约 1 cm 时,取出滤纸。滤纸用电吹风吹干,再用喷雾器向滤纸均匀喷洒 0.1% 茚三酮溶液,用电吹风热风吹干,可见紫色的同心弧色斑出现,比较色斑的位置,测量其 Rf 值(Rf = 紫色色斑距离/展层剂距离),并分析比较实验结果。

【注意事项】

1. 整个操作过程中勿用手直接接触层析用的定性滤纸。
2. 点样时点样点尽量小而圆,直径不超过 0.5 cm。
3. 吹风温度不宜过高,否则斑点会变黄。
4. 使用层析剂、显色剂时勿用手直接操作(需要戴上塑料手套,苯酚有较强的腐蚀性,手上汗液有杂质可以干扰显色反应)。
5. 防止各种样品之间交叉污染,点样品需用做好相应记号的毛细管。

二、精氨酸酶在尿素生成中的作用

【实验原理】

蛋白质在体内经过中间代谢产生的氨,主要是在肝脏中通过鸟氨酸循环生成尿素排出体外,尿素的形成也是机体防止氨中毒的一种解毒作用。在鸟氨酸循环中,精氨酸酶催化精氨酸水解生成尿素和鸟氨酸。因精氨酸酶主要存在与肝脏中,所以肝脏是尿素合成的主要器官。本实验由动物肝脏提供精氨酸酶(并用肌肉组织作比较),在精氨酸酶最适酸碱度(pH 9.8)的条件下与精氨酸一起保温,此时,精氨酸酶催化精氨酸水解为尿素和鸟氨酸,生成的产物尿素在脲酶的作用下水解为氨及二氧化碳,并以 $(NH_4)_2CO_3$ 的形式存在与溶液中。NH_3 又可以和奈氏试剂反应生成金(橙子)黄色的碘化双汞铵,通过试管中的液体颜色是否呈现金黄色即可间接检出精氨酸酶的活性大小。

$$\begin{array}{c} NH_2 \\ | \\ C=NH \\ | \\ NH \\ | \\ (CH_2)_3 \\ | \\ CH-NH_2 \\ | \\ COOH \end{array} + H_2O \xrightarrow{\text{精氨酸酶}} \begin{array}{c} NH_2 \\ | \\ C=O \\ | \\ NH_2 \end{array} + \begin{array}{c} NH_2 \\ | \\ (CH_2)_3 \\ | \\ CH-NH_2 \\ | \\ COOH \end{array}$$

精氨酸　　　　　　　　　　尿素　　　鸟氨酸

$$\begin{array}{c} NH_2 \\ | \\ C=O \\ | \\ NH_2 \end{array} + H_2O \xrightarrow{\text{脲酶}} 2NH_3 + CO_2$$

$$NH_3 + 2(HgI_2 \cdot 2KI) + 3NaOH \rightarrow O\underset{Hg}{\overset{Hg}{<}}NH_2I + 4KI + 2H_2O + 3NaI$$

奈氏试剂　　　　　　碘化双汞铵
（金黄色）

【实验试剂】

1. 脲酶纸片：将滤纸放入 30% 新鲜大豆浸出液中浸透，然后取出滤纸晾干后切成 0.6 cm×0.6 cm 大小的纸片。

2. 精氨酸纸片：将精氨酸溶于 66.7 mmol/L 的 Na_2HPO_4 溶液中，使用 4% 的浓度将滤纸浸入，然后取出晾干，切成 0.6 cm×0.6 cm 大小的纸片。

3. 奈氏试剂贮存液：称取碘化钾 150 g 于三角烧瓶中，加蒸馏水 100 mL 使其溶解，再加入碘 110 g，待完全溶解后加汞 140～150 g，用力振荡摇晃 10 min 左右，此时产生高热，须将三角烧瓶转移至冷水中继续摇晃，直至棕红色碘转变成绿色碘化汞钾溶液为止，将上清液导入 2000 mL 容量瓶中，并添加蒸馏水洗涤三角烧瓶内沉淀数次，将洗涤液一并导入容量瓶中，添加蒸馏水至 2000 mL。

4. 奈氏试剂应用液：取贮存液 150 mL，加 10% NaOH 700 mL，混匀后添加蒸馏水至 1000 mL，棕色瓶内贮存备用，如浑浊则可用玻璃棉过滤或静置数天后取上清液应用。

【实验操作】

1. 制备组织提取液

(1) 新鲜肝提取液：称取家兔肝 2 g，放入研钵中磨成糊状，加 0.1 mol/L 磷酸盐缓冲液

(pH 8.5)5 mL 磨匀,用纱布过滤,滤液稀释至 50 mL。

(2) 煮沸肝提取液:取新鲜肝提取液,煮沸。

(3) 肌提取液:称取家兔骨骼肌 2 g,制成肌提取液,步骤同(1)。

2. 取 3 支试管,做好标记后,按表 10.2 操作。

表 10.2 3 支试管的加液步骤

试剂	1	2	3
新鲜肝提取液(滴)	10	—	—
煮沸肝提取液(滴)	—	10	—
肌提取液(滴)	—	—	10
脲酶纸片(片)	3	3	3
精氨酸酶纸片(片)	3	3	3

按表 10.2 给各试管加液后,37 ℃水浴保温 20 min 后取出。每管各加 5 滴奈氏试剂,观察各管颜色变化,并加以解释。

【注意事项】

拿取纸片时需使用镊子。

(华娟)

实验十一　细菌质粒 DNA 提取

【实验目的】

了解细菌质粒 DNA 的基本概念;掌握细菌质粒小量的提取方法。

【实验原理】

质粒(plasmid)广泛存在于包括细菌、酵母在内的多种微生物中,是独立于宿主染色体之外进行复制和遗传的辅助性遗传单位,其大小范围在 1~200 kb。大多数来自细菌的质粒是双链、共价闭合的环状分子,以超螺旋形式存在。质粒含有复制起始点,能利用细菌染色体 DNA 复制和转录的同一套酶系统,在细菌体内独立地进行自我复制与转录。有的质粒的复制与细菌染色体的复制同步,处于严密控制之下,这类质粒的拷贝数较低;有的质粒复制比细菌染色体的复制速度快,其拷贝数很高,可达数百甚至上千拷贝。

质粒已经成为目前最常用的基因克隆的载体分子,作为克隆载体的质粒应具备以下特点:① 分子量相对较小,能在细菌内稳定存在,有较高的拷贝数。② 具有一个以上的遗传标志,便于对宿主细胞进行选择,如抗生素基因、β-半乳糖苷酶基因(lac Z)等。③ 具有多个限制性内切酶的单一切点,便于外源性基因的插入。因此如何获得质粒载体,在基因工程中是不可或缺的步骤。

质粒的提取,多采用碱与 SDS 裂解法从 E.coli 中分离制备质粒 DNA。SDS 碱裂解法基于的原理是:将细菌悬浮液暴露于高 pH 值的强阴离子洗涤剂中,使细胞壁破裂,染色体 DNA 和蛋白质变性,将质粒 DNA 释放到上清中。尽管碱性溶剂使碱基配对完全破坏,闭环的质粒 DNA 双链仍不会彼此分离,因为它们在拓扑学上是相互缠绕的。只要碱处理的强度和时间不要太过,当 pH 值恢复到中性时,DNA 双链就会再次形成。而在裂解过程中,细菌蛋白质、破裂的细胞壁和变性的染色体 DNA 相互缠绕成大型复合物,后者被 SDS 包盖。当用钾离子取代钠离子时,复合物会从溶液中有效地沉淀下来。离心除去沉淀后,就可以从上清中回收复性的质粒 DNA。在 SDS 存在的条件下,碱水解是一项非常灵活的技术,它对 E.coli 的所有菌株都适用,其细菌培养物的体积范围可以在 1~500 mL。从裂解液中回收的闭环质粒 DNA 可以根据实验需要,用不同的方法纯化到不同的程度。

本次实验使用的是成品的质粒提取试剂盒,采用碱裂解法裂解细胞,根据离心吸附柱在高盐状态下特异性地结合溶液中 DNA 的原理,特异性地提取质粒 DNA。离心吸附柱中采用的硅基质材料能高效、专一地吸附 DNA,可最大限度去除杂质蛋白及细胞中其他有机化合物。所获得的质粒则可以用电泳或限制性核酸内切酶消化的方法鉴定,如经聚乙二醇处理进一步纯化后,其可以用做 DNA 测序反应的模板。提取的质粒 DNA 可适用于各种常规操作,包括酶切、PCR、测序、连接和转化等试验。

【实验材料】

细菌 JM109 或 TOP10(含有 pET-21b-ubiqutin 表达质粒)、质粒小量提取试剂盒、无水乙醇、1.5 mL EP 管等。

【实验操作】

使用前请先在漂洗液中加入无水乙醇,加入体积请参照瓶体上的标签。溶液Ⅰ(Tris 缓冲液)在使用前先加入 RNaseA(将试剂盒中提供的 RNaseA 全部加入),混匀,置于 2~8 ℃条件下保存。如非指明,所有离心步骤均为使用台式离心机在室温下离心。

1. 取 1~5 mL 细菌培养物,12000 r/min 离心 1 min,尽量吸除上清(菌液较多时可以通过多次离心将菌体沉淀收集到一个离心管中)。

2. 向留有菌体沉淀的离心管中加入 250 μL 溶液Ⅰ(请先检查是否已加入 RNaseA),使用移液器或旋涡振荡器彻底悬浮细菌细胞沉淀。注意:如果菌块未彻底混匀,会影响裂解导致质粒提取量和纯度偏低。

3. 向离心管中加入 250 μL 溶液Ⅱ(NaOH 和 SDS 溶液),温和地上下翻转 6~8 次,使菌体充分裂解。注意:混匀一定要温和,以免污染细菌基因组 DNA。此时菌液应变得清亮;黏稠,作用时间不要超过 5 min,以免质粒受到破坏。

4. 向离心管中加入 350 μL 溶液Ⅲ(Ac-KAc 缓冲液),立即温和地上下翻转 6~8 次,充分混匀,此时会出现白色絮状沉淀。12000 r/min 离心 10 min,用移液器小心地将上清转移到另一个干净的离心管中,尽量不要吸出沉淀。注意:溶液Ⅲ加入后应立即混合,避免产生局部沉淀。如果上清中还有微小白色沉淀,可再次离心后取上清。

5. 将上一步所得上清液加入吸附柱中(吸附柱加入收集管中),室温放置 2 min,12000 r/min离心 1 min,倒掉收集管中的废液,将吸附柱重新放回收集管中。

6. 向吸附柱中加入 700 μL 漂洗液(使用前请先检查是否已加入无水乙醇),12000 r/min离心 1 min,弃废液,将吸附柱放入收集管中。

7. 向吸附柱中加入 500 μL 漂洗液,12000 r/min 离心 1 min,弃废液,将吸附柱放入收集管中。

8. 12000 r/min 离心 2 min,将吸附柱敞口置于室温或 50 ℃温箱放置数分钟,目的是将吸附柱中残余的漂洗液去除,否则漂洗液中的乙醇会影响后续的实验如酶切、PCR 等。

9. 将吸附柱放入一个干净的离心管中,向吸附膜中央悬空滴加 50~200 μL 经 65 ℃水浴预热的洗脱液,室温放置 2 min,12000 r/min 离心 1 min。

10. 为了增加质粒的回收效率,可将得到的洗脱液重新加入吸附柱中,室温放置 2 min,12000 r/min 离心 1 min。

【注意事项】

1. 使用前请先检查溶液Ⅱ和溶液Ⅲ是否出现混浊，如有混浊现象，可在 37 ℃水浴中加热几分钟，待溶液恢复澄清后再使用。溶液Ⅱ、溶液Ⅲ和漂洗液使用后应立即拧紧盖子。

2. 洗脱缓冲液体积不应少于 50 μL，体积过小影响回收效率，洗脱液的 pH 对洗脱效率也有影响。若需要用水做洗脱液，应保证其 pH 在 8.0 左右（可用 NaOH 将水的 pH 调至此范围），pH 低于 7.0 会降低洗脱效率，DNA 产物应保存在 -20 ℃，以防 DNA 降解。

3. 如果所提质粒为低拷贝质粒或大于 10 kb 的大质粒，应加大菌体使用量，使用 5～10 mL 过夜培养物，同时按照比例增加溶液Ⅰ、溶液Ⅱ和溶液Ⅲ的用量，吸附和洗脱时可以适当地延长时间，以增加提取效率。

4. DNA 浓度及纯度检测：得到的质粒 DNA 纯度与样品保存时间、操作过程中的剪切力等因素有关。得到的 DNA 可用琼脂糖凝胶电泳和紫外分光光度计检测浓度与纯度。DNA 应在 OD_{260} 处有显著吸收峰，OD_{260} 值为 1，相当于大约 50 μg/mL 双链 DNA、40 μg/mL 单链 DNA，OD_{260}/OD_{280} 比值应为 1.7～1.9。如果洗脱时不使用洗脱缓冲液，而使用去离子水，比值会偏低，因为 pH 和离子存在会影响吸光值，但并不表示纯度低。

（安然）

实验十二　PCR 及琼脂糖凝胶电泳

【实验目的】

了解 PCR 的基本概念和基本原理;了解琼脂糖凝胶电泳分离和鉴定核酸的基本原理;掌握 PCR 的主要步骤;掌握琼脂糖凝胶电泳分离和鉴定核酸的操作方法和主要步骤。

【实验原理】

1. PCR

PCR 是一种在体外选择性扩增 DNA 或 RNA 片段的方法。在加热的条件下,DNA 模板解链,然后在与 DNA 模板两端互补的两条引物的引导下,由耐热的 Taq DNA 聚合酶催化目的 DNA 片段的合成。其过程分为三个阶段:① 变性:即加热使模板 DNA 双链间的氢键断裂,形成两条单链。变性温度一般为 94 ℃。② 退火:降低温度,使模板 DNA 的两条链与引物按照碱基互补配对的原则相结合。退火温度一般为 GC 含量较低的一条引物的 $T_m \pm 5$ ℃。对于本实验,退火温度为 55 ℃。③ 延伸:在 72 ℃下,Taq DNA 聚合酶以单链 DNA 为模板,以 dNTP 为原料,在引物的引导下,按 $5' \rightarrow 3'$ 方向催化 DNA 合成。上述三个阶段为一个循环,每经一个循环,产物增加一倍,经过 25~30 个循环后,产物可扩增至 $10^6 \sim 10^8$ 倍。

2. 琼脂糖凝胶电泳

带电粒子在电场中可以向与其所带电荷相反的电极方向移动的现象,称为电泳。琼脂(Agar),又名琼胶、菜燕、冻粉,是一类从石花菜及其他红藻类(Rhodophyceae)植物提取出来的藻胶(phycocottoid)。琼脂糖(Agarose,AG)是琼脂中不带电荷的中性组成成分,也译为琼胶素或琼胶糖。琼脂糖凝胶电泳是用琼脂或琼脂糖作支持介质的一种电泳方法。对于分子量较大的样品,如大分子核酸、病毒等,一般可采用孔径较大的琼脂糖凝胶进行电泳分离。琼脂糖凝胶具有网络结构,物质分子通过时会受到阻力,大分子物质在泳动时受到的阻力大,因此在凝胶电泳中,带电颗粒的分离不仅取决于净电荷的性质和数量,而且还取决于分子大小,这就大大提高了分辨能力。但由于其孔径相当大,对大多数蛋白质来说其分子筛效应微不足道,现广泛应用于核酸的研究中。

DNA 分子在 pH 高于其等电点的缓冲液中带负电荷,在电场中向正极移动,缓冲液 pH 偏离等电点愈远,其所带的电荷愈多。在一定的电场强度下,不同的 DNA 片段的迁移速度不一样,其迁移速度主要取决于 DNA 的分子大小、所带电荷量等,分子量愈小、带电荷量愈多,迁移速度愈快。相同分子量的不同构型的 DNA 分子,其迁移速度也不一样。超螺旋质粒DNA的泳动速度最快,线状质粒DNA次之,开环质粒DNA泳动速度最慢。另外,同一种DNA分子,在浓度较高的琼脂糖凝聚中泳动速度较慢,在浓度较低的琼脂糖凝聚中泳动速度较快。

溴化乙锭(ethidium bromide,EB)为扁平状分子,在紫外光照射下发射荧光。EB可与DNA分子形成EB-DNA复合物,其荧光强度与DNA的含量成正比。所以凝胶中放入一定浓度的EB,电泳结束后在紫外灯下可以观察电泳条带,并且据此可粗略估计样品DNA浓度。

普通琼脂糖凝胶分离DNA的范围为0.2～20 kb,不同浓度的琼脂糖凝胶的分离范围如表12.1所示。

表12.1 不同浓度的琼脂糖凝胶的分离范围

琼脂糖浓度(%)	线性DNA分子的分离范围(kb)
0.3	5～60
0.6	1～20
0.7	0.8～10
0.9	0.5～7
1.2	0.4～6
1.5	0.2～4
2.0	0.1～3

【实验试剂】

1. 模板:pET-21b-ubiqutin(带有目的基因ubiqutin的质粒)。

2. pET-21b-ubiqutin(240bp)的引物:

5′端:GGGAATTCCATATGCAGATCTTCGTCAAGACG;

3′端:CCCCTCGAGACCACCACGTAGACGTAAGAC。

3. 2×Taq MasterMix (Dye):

含有Taq DNA Polymerase,3 mmol/L MgCl$_2$和400 μmol/L each dNTP。

4. 10× Reaction Buffer(无Mg^{2+})。

5. 无菌水。

6. 2000 bp DNA Marker。

7. 10 mg/mL溴化乙锭。

8. 1.5%琼脂糖。

【实验操作】

1. 按下述方法将各反应组分加入一个0.2 mL无菌EP管中:

模板 DNA	4.0 μl (200ng)
5′-primer (10 μM)	1 μL
3′-primer (10 μM)	1 μL
2×Taq MasterMix (Dye)	12.5 μL
Sterile H₂O	up to 25 μL

充分混匀。

2. 打开 PCR 仪,预热 5min,将 PCR 反应管短暂离心后放入 PCR 仪中。

3. 按下述程序运行:

94 ℃	4 min
94 ℃	30 s
55 ℃	30 s
72 ℃	30 s
72 ℃	5 min

（94℃ 30 s、55℃ 30 s、72℃ 30 s 循环 30 次）

4. 程序运行结束后,取出反应管备用,用琼脂糖凝胶电泳鉴定 PCR 产物。

5. 称取 1.5 g 琼脂糖加入 100 mL TAE 缓冲液中,用微波炉加热使之完全溶解。

6. 待溶液冷却至 50 ℃ 左右时,加入 7.5 μL 溴化乙锭,充分混匀。

7. 将溶胶倒入凝胶槽中并插入梳子,待其冷却并完全凝固后拔出梳子。

8. 将凝胶放至电泳槽中,加 TAE 缓冲液至液面完全盖过凝胶。

9. 分别吸取 PCR 产物 20 μL 加入电泳孔中,同时在一个凝胶孔中加入 DNA Marker,接通电源,100 V,电泳 30 min。

10. 电泳结束后,将凝胶放至紫外观测仪下观察可见 PCR 产物的 DNA 片段,目的基因条带约 240 bp 大小(ubiqutin,实验选用的基因不同,大小也不同)。

本次实验的理想结果应该如图 12.1 所示。

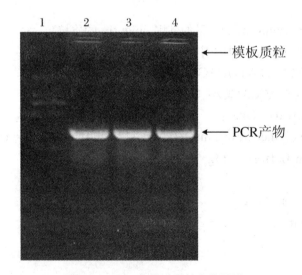

图 12.1 PCR 产物琼脂糖电泳图谱

1:2000 bp DNA Marker;2、3、4:PCR 产物

【注意事项】

1. 引物浓度请以终浓度 $0.1\sim1.0~\mu mol/L$ 作为设定范围的参考。在扩增效率不高的情况下，可提高引物的浓度；发生非特异性反应时，可降低引物浓度，由此优化反应体系。

2. 一般实验中退火温度比扩增引物的熔解温度 T_m 低 5 ℃，无法得到理想的扩增效率时，适当降低退火温度；发生非特异性反应时，提高退火温度，由此优化反应条件。

3. 延伸时间应根据所扩增片段大小设定。本次实验使用的是康为世纪产品 Taq DNA Polymerase，扩增效率为 2 kb/min。

4. 可根据扩增产物的下游应用设定循环数。如果循环次数太少，扩增量不足；如果循环次数太多，错配概率会增加，非特异性背景严重。所以在保证产物得率的前提下应尽量减少循环次数。

5. 注意严格无菌操作，防止污染；各试剂加好后，应充分混匀。

6. 用热启动的方法可以提高 Taq 酶的催化效率。即先将模板 DNA 完全变性，迅速取出放在冰上，加入 Taq DNA Polymerase，混匀后继续运行程序。

（秦宜德）

实验十三　细菌基因组 DNA 的提取

【实验目的】

了解原核生物基因组的基本概念;掌握细菌基因组 DNA 的提取方法。

【实验原理】

不同生物(动物、植物、微生物)的基因组 DNA 的提取方法有所不同,不同种类或同一种类的不同组织因其细胞结构及所含的成分不同,分离方法也有差异。在提取某种特殊组织的 DNA 时必须参照文献和经验建立相应的提取方法,以获得可用的 DNA 大分子。

常规基因组 DNA 的提取可分为三个步骤,分别为:裂解细胞、去除蛋白、析出 DNA。一般的程序如下。首先,使用十六烷基三乙基溴化铵(CTAB)、十二烷基磺酸钠(SDS)等表面活性剂破裂细胞,它们可与核酸形成复合物,溶解并且稳定存在于高盐溶液中。同样,此时的高盐溶液中除含有复合物外,还含有大量的多糖和蛋白质。其次,使用氯仿先对此高盐溶液进行抽提,大量蛋白和多糖等从溶液中被抽提沉淀出来,而核酸仍留在溶液中。最后,用乙醇或异丙醇将核酸从溶液中沉淀出来,然后用水或 TE(Tris-EDTA buffer solution)缓冲液等将核酸溶解。降低溶液中盐的浓度,CTAB 与核酸的复合物就会因溶解度降低而沉淀出来,而大部分的蛋白及多糖仍溶于溶液中,通过离心将 CTAB-核酸沉淀下来,然后溶解于高盐溶液中。

随着科技水平的不断提高,许多试剂公司开发出了更加高效、低毒、操作方便的试剂盒。细菌基因组 DNA 提取试剂盒(离心柱型)被越来越多地应用到教学、科研当中,其具有的独特的结合液/蛋白酶 K 迅速裂解细胞和灭活细胞内核酸酶,然后基因组 DNA 在高盐状态下选择性吸附于离心柱内硅基质膜,再通过一系列快速的漂洗-离心步骤,抑制物去除液和漂洗液将细胞代谢物和蛋白等杂质去除,最后低盐的洗脱缓冲液将纯净基因组 DNA 从硅基质膜上洗脱。该方法既适用于革兰氏阴性菌基因组 DNA 的提取,也适用于革兰氏阳性菌基因组 DNA 的提取。由于组织中的多糖和酶类物质对随后的酶切、PCR 反应等有较强的抑制作用,因此,用富含这类物质的材料提取基因组 DNA 时,应考虑除去多糖和酚类物质。目前,针对不同类型的细胞均开发了相应的抽提试剂盒。

本实验所采用的试剂盒可以特异性结合 DNA 的离心吸附柱和独特的缓冲液系统,提取细菌基因组 DNA。离心吸附柱中采用的硅基质材料能够高效、专一地吸附 DNA。本方法能最大限度地去除杂质蛋白及细胞中其他有机化合物,提取的基因组 DNA 片段大,纯度高,质量稳定可靠。使用本试剂盒提取的基因组 DNA 可用于各种常规操作,包括酶切、

PCR、文库构建、Southern 杂交等实验。

【实验材料】

细菌 JM109 或 TOP 10、细菌基因组 DNA 提取试剂盒、无水乙醇、1.5 mL EP 管。

【实验操作】

1. 取细菌培养液 1 mL,12000 r/min 离心 1 min,弃上清。

2. 向菌体中加入 200 μL 溶液 A(缓冲液),振荡或用移液器吹打使菌体充分悬浮,向悬浮液中加入 20 μL 浓度为 10 mg/mL 的 RNA 酶,充分颠倒混匀,室温放置 15~30 min。

3. 向管中加入 20 μL 浓度为 10 mg/mL 的蛋白酶 K,充分混匀,55 ℃消化 30~60 min,期间颠倒混匀 2~3 次,直至菌液呈清亮黏稠状。

4. 向管中加入 200 μL 溶液 B(高盐缓冲液),充分颠倒混匀。如出现白色沉淀,可在 75 ℃条件下放置 15~30 min,沉淀即会消失,不影响后续实验。如果溶液未变清亮,说明样品消化不彻底,可能会导致 DNA 的提取量以及纯度降低,还可能堵塞吸附柱。

5. 向管中加入 200 μL 无水乙醇,充分混匀,此时还可能会出现絮状沉淀,不影响 DNA 的提取,可将溶液和絮状沉淀都加入到吸附柱中,静置 2 min。

6. 12000 r/min 离心 2 min。弃废液,将吸附柱放入收集管中。

7. 向吸附柱中加入 600 μL 漂洗液,12000 r/min 离心 1 min,弃废液,将吸附柱放入收集管中。

8. 再次向吸附柱中加入 600 μL 漂洗液,12000 r/min 离心 1 min,弃废液,将吸附柱放入收集管中。

9. 12000 r/min 离心 2 min,将吸附柱敞口置于室温或 50 ℃温箱放置数分钟,目的是将吸附柱中残余的漂洗液去除,否则漂洗液中的乙醇会影响后续实验如酶切、PCR 等。

10. 将吸附柱放入一个干净的离心管中,向吸附膜中央悬空滴加 50~200 μL 经 65 ℃水浴预热的洗脱液,室温放置 5 min,12000 r/min 离心 1 min。

11. 离心所得洗脱液再加入吸附柱中,室温放置 2 min ,12000 r/min 离心 2 min,即可得到高质量的细菌基因组 DNA。

【注意事项】

1. 样品应避免反复冻融,否则会导致提取的 DNA 片段较小且提取量下降。

2. 若试剂盒中的溶液出现沉淀,可在 65 ℃水浴中重新溶解后再使用,不影响提取效果。

3. 如果在实验过程中离心时出现柱子堵塞的情况,可适当延长离心时间。

4. 洗脱缓冲液的体积最好不少于 50 μL,体积过小会影响回收效率;洗脱液的 pH 对洗脱效率也有影响,若需要用水作洗脱液,应保证其 pH 在 8.0 左右(可用 NaOH 将水的 pH 调至此范围),pH 低于 7.0 会降低洗脱效率。DNA 产物应保存在 $-20\,^\circ\text{C}$,以防 DNA 降解。

5. DNA 浓度及纯度检测:得到的基因组 DNA 片段的大小与样品保存时间、操作过程中的剪切力等因素有关。回收得到的 DNA 片段可用琼脂糖凝胶电泳和紫外分光光度计检测浓度与纯度。DNA 应在 A_{260} 处有显著吸收峰。A_{260} 值为 1.0,相当于大约 50 $\mu\text{g/mL}$ 双链 DNA、40 $\mu\text{g/mL}$ 单链 DNA,A_{260}/A_{280} 比值应为 1.7~1.9。

(黄海良)

实验十四　真核细胞基因组 DNA 提取

【实验目的】

了解真核生物基因组的基本概念;掌握真核基因组 DNA 的提取方法。

【实验原理】

真核生物的一切有核细胞(包括培养细胞)都可以用来制备基因组 DNA。真核生物的 DNA 是以染色体的形式存在于细胞核内的因此,制备 DNA 的原则是既要将 DNA 与蛋白质、脂类和糖类等分离,又要保持 DNA 分子的完整。DNA 是极性化合物,一般都溶于水,不溶于乙醇、氯仿等有机溶剂,它的钠盐比游离酸易溶于水。在酸性溶液中,天然状态的 DNA 是以脱氧核糖核蛋白(DNP)形式存在于细胞核中。要从细胞中提取 DNA,需要先把 DNP 抽提出来,然后把蛋白质除去,再除去细胞中的糖、RNA 及无机离子等,从而分离 DNA。DNP 和 RNP 在盐溶液中的溶解度会因盐浓度的不同而不同。DNP 在低浓度盐溶液中几乎不溶解,在 0.14 mol/L 的氯化钠中溶解度最低,仅为在水中溶解度的 1%。随着盐浓度的增加,DNP 的溶解度也增加,其在 1 mol/L 氯化钠中的溶解度很大,比纯水高 2 倍。RNP 在盐溶液中的溶解度受盐浓度的影响较小,在 0.14 mol/L 氯化钠中溶解度较大。因此,在提取时,常用此法分离这两种核蛋白。

真核细胞的破碎有各种手段,包括超声波、匀浆法、液氮破碎法、低渗法等物理方法及蛋白酶 K 和去污剂温和处理法,为获得大分子量的 DNA,避免物理操作导致 DNA 链的断裂,一般多采用温和裂解细胞。将分散好的组织细胞在含 SDS(十二烷基硫酸钠)和蛋白酶 K 的溶液中消化分解蛋白质,再用酚和氯仿/异戊醇抽提分离蛋白质,得到的 DNA 溶液经乙醇沉淀使 DNA 从溶液中析出。苯酚/氯仿作为蛋白变性剂,同时抑制了 DNase 的降解作用。用苯酚处理匀浆液时,由于蛋白与 DNA 连接键已断,蛋白分子表面又含有很多极性基团与苯酚相似相溶。蛋白分子溶于酚相,而 DNA 溶于水相。离心分层后取出水层,多次重复操作,再合并含 DNA 的水相,利用核酸不溶于醇的性质,用乙醇沉淀 DNA。此法的特点是使提取的 DNA 保持天然状态。真核细胞 DNA 的分离通常是在 EDTA 及 SDS 一类去污剂的存在下,用蛋白酶 K 消化细胞获得的。

本实验采用 DNA 基因组提取商品试剂盒,用可以特异性结合 DNA 的离心吸附柱和独特的缓冲液系统,提取组织和细胞的基因组 DNA。离心吸附柱中采用的特有硅基质新型材料,能够高效、专一吸附 DNA,可最大限度地去除杂质蛋白及细胞中其他有机化合物。提取的基因组 DNA 片段大,纯度高,质量稳定可靠,可用于各种常规操作,包括酶切、PCR、文库构建、Southern 杂交等实验。

【实验材料】

人肝癌细胞株-HepG2、DMEM 细胞培养基、胎牛血清、胰酶、无水乙醇、组织/细胞基因组 DNA 提取试剂盒（溶液 A：TE 缓冲液，含有 Tris-HCl 和 EDTA 等；溶液 B：细胞裂解液，含有 Tris-HCl、EDTA 和 SDS 等；RNase A；蛋白酶 K；无水乙醇；漂洗液；洗脱液等），DNA Marker、溴化乙锭、琼脂糖、上样缓冲液等。

【实验步骤】

1. 样品的处理。

（1）细胞培养：人肝癌细胞株-HepG2 细胞（细胞株根据各实验室保持的细胞而定）培养后进行消化、传代，按 1×10^5 个细胞/孔的标准接种 12 孔细胞培养板，37 ℃、5%CO_2 培养箱中继续培养 24 h，待细胞汇合度在 80%～90%时，收集细胞。

（2）细胞收集和处理：贴壁细胞先用胰蛋白酶消化处理，再用预冷的磷酸盐缓冲液（PBS）吹打成细胞悬液，然后 12000 r/min 离心 1 min 收集细胞，尽量除去上清。加 200 μL 溶液 A，振荡至彻底混匀。

注意：样品也可来自于新鲜组织，各实验室因地制宜选用材料。

组织标本：取新鲜或冰冻组织块 0.3～0.5 cm^2，剪碎，加 TE 缓冲液 400 μL 进行匀浆，转入 1.5 mL EP 管；或从液氮中取出组织与陶瓷研钵中，加少许液氮研碎，将粉末转入 1.5 mL EP管中。

血液标本：新鲜血液与 ACD 抗凝剂（柠檬酸 0.45 g，柠檬酸钠 1.32 g，右旋葡萄糖 1.47 g 加去离子水定容至 100 mL）按 6∶1 进行混匀，0 ℃以下可保存数天或－70 ℃长期冻存备用。

2. 向悬浮液中加入 20 μL（10 mg/mL）的 RNase A，56 ℃放置 15 min。

3. 加入 20 μL（10 mg/mL）的蛋白酶 K，充分颠倒混匀，56 ℃水浴消化 30 min。消化期间可颠倒离心管混匀数次，直至样品消化完全为止。消化完全的指标是：液体清亮及黏稠。

4. 加入 200 μL 体积溶液 B，充分颠倒混匀，如出现白色沉淀，可放置于 75 ℃环境中持续 15～30 min，沉淀即会消失，不影响后续实验。如溶液未变清亮，说明样品消化不彻底，可能导致提取的 DNA 量少及不纯，还有可能导致堵塞吸附柱。

5. 加入 200 μL 无水乙醇，充分混匀，此时可能会出现絮状沉淀，不影响 DNA 的提取，可将溶液和絮状沉淀都加入吸附柱中。

6. 12000 r/min 离心 1 min，弃废液，将吸附柱放入收集管中。

7. 向吸附柱中加入 700 μL 漂洗液，12000 r/min 离心 1 min，弃废液，将吸附柱放入收集管中。

8. 向吸附柱中加入 500 μL 漂洗液，12000 r/min 离心 1 min，弃废液，将吸附柱放入收集管中。

9. 12000 r/min 离心 2 min，将吸附柱敞口置于室温 3 min。

　　10. 将吸附柱放入一个干净的离心管中,在吸附膜中央悬空滴加 50～200 μL 经 65 ℃ 水浴预热的洗脱液,室温放置 3 min,12000 r/min 离心 2 min。

　　11. 基因组 DNA 分析:取 2.0 μL 基因组 DNA 在 0.8% 琼脂糖凝胶上电泳。(完整的基因组 DNA 电泳图谱显示一条 DNA 泳带)。同时测定 DNA 样品 A_{260} 和 A_{280} 处的吸光度,A_{260}/A_{280} 比值在 1.75～1.80,并计算 DNA 浓度($A_{260}=1$ 相当于 50.0 μg/mL)。将 DNA 溶液贮存于 -20 ℃ 备用。

【注意事项】

　　1. 试剂盒拆封后,RNaseA 和蛋白酶 K 需放置 -20 ℃ 保存。

　　2. 样品应避免反复冻融,否则会导致提取的 DNA 片段较小且提取量也下降。

　　3. 如果试剂盒中的溶液出现沉淀,可在 65 ℃ 水浴中重新溶解后再使用,不影响效果。

　　4. 洗脱缓冲液的体积最好不少于 50 μL,体积过小会影响回收效率。洗脱液的 pH 对洗脱效率也有影响,若需要用水作洗脱液,应保证其 pH 在 8.0 左右(可用 NaOH 将水的 pH 调至此范围),pH 低于 7.0 会降低洗脱效率。

(黄海良)

实验十五　真核细胞 RNA 的提取

【实验目的】

了解提取真核细胞 RNA 的操作方法和主要步骤。

【实验原理】

真核细胞含有三类基本 RNA:核糖体 RNA(rRNA)、信使 RNA(mRNA)以及转运 RNA(tRNA)。其中,rRNA 是细胞内含量最多的 RNA,约占 RNA 总量的 80% 以上,真核生物有四种 rRNA,分别是 28S、18S、5.8S 和 5S。mRNA 负责传递合成蛋白质的全部遗传信息,是蛋白质生物合成的中间环节,具有特殊意义。传统的 Chomezynski 介绍的从哺乳动物细胞中快速提取细胞总 RNA 的方法是用强变性剂如盐酸胍溶液溶解蛋白质,导致细胞结构破坏,核蛋白二级结构破坏,把 RNA 从核蛋白上解离下来。此外,RNA 酶可被盐酸胍还原剂灭活,因此可获得细胞总 RNA。

本实验介绍目前常用的较简便的 TRIZOL 试剂提取真核细胞总 RNA 的方法,TRIZOL 试剂是苯酚和异硫氰酸胍的单相溶液,是对 Chomezynski 一步 RNA 提取方法的改进。异硫氰酸胍目前被认为是最有效的 RNA 酶抑制剂,它在裂解细胞的同时也使 RNA 酶失活。它既可破坏细胞结构,使 RNA 从核蛋白中解离出来,又对 RNA 酶有强烈的变性作用,所以在裂解细胞和溶解细胞成分的同时,TRIZOL 试剂还能保持 RNA 的完整性。在加入氯仿离心后,溶液分成水相和有机相。RNA 大部分存在于水相中。在转移水相后,RNA 通过异丙醇沉淀复性。这种方法适用于人类和哺乳动物的细胞。TRIZOL 试剂方法简便易行,适用于同时处理大量样品,整个过程可以在 1 h 之内完成。在正确操作的前提下,TRIZOL 试剂提取总 RNA 不会有 DNA 和蛋白质污染。

RNA 的产量取决于细胞的种类,预期 RNA 的产量如下(1×10^6 细胞):上皮细胞 RNA 产量 8~15 μg,成纤维细胞 RNA 产量 5~7 μg。制备的 RNA 可用于分析 mRNA 表达量,建立 cDNA 文库以及研究反义 RNA 对 mRNA 翻译的调控等。提取的 RNA A_{260}/A_{280} 比值一般为 1.8~2.0。

【实验试剂】

1. TRIZOL 试剂。

2. 氯仿。

3. 异丙醇。

4. 0.1%焦碳酸二乙酯处理的水(DEPC 水)。

5. 75%乙醇(溶解在 DEPC 水中)。

【实验操作】

1. 将实验用的 EP 管和一次性枪头用 0.1% DEPC 水浸泡过夜。

2. 第二天,将 DEPC 水浸泡过的 EP 管和枪头装入密闭的铝盒中,高压灭菌,除去残留的 DEPC,取出放入 60 ℃烘箱烘干备用。

3. 打开台式冷冻离心机电源,预冷 30 min,温度降至 4 ℃。

4. 裂解悬浮生长的哺乳动物细胞。

(1) 转移细胞培养液到 10 mL 离心管中,轻轻吹打成单细胞悬液,细胞计数板计数后,分装到 1.5 mL EP 管中,1000 r/min 离心 5～10 min,收集细胞。

(2) 吸出培养液,每 $5×10^6$～$10×10^6$ 细胞加入 1 mL TRIZOL 试剂,反复轻轻吹打裂解细胞。在加入 TRIZOL 试剂裂解细胞之前不要洗涤细胞,否则会增加 mRNA 降解的可能性。在冰上放置 5 min,直至细胞裂解完全。

5. 裂解单层培养的哺乳动物细胞。

(1) 将长满底壁约 90%细胞的直径 3.5 cm 的培养皿置于冰上,吸去培养液,加入 1 mL TRIZOL 试剂。加入 TRIZOL 试剂的量依据培养皿底面积而定(1 mL TRIZOL 试剂/10 cm²),而不是依据培养皿内的细胞数目。加入 TRIZOL 试剂的量不够可能导致提取的 RNA 中有 DNA 污染。

(2) 稍微倾斜培养皿,吸取 TRIZOL 试剂反复流过培养皿几次。

(3) 将细胞裂解液转移至新的 1.5 mL EP 管中,在冰上放置 5 min。

6. 加入 0.2 mL 氯仿(0.2 倍 TRIZOL 试剂体积),剧烈混匀 15 s。

7. 冰上放置 2～3 min。12000 r/min,4 ℃离心 15 min。

8. 可见上层无色水相,中间混合相,下层红色苯酚-氯仿相。吸取水相,转至新的 1.5 mL EP管中,约 0.4 mL。

9. 加入 0.4 mL 异丙醇,颠倒混匀,在冰上放置 10 min。

10. 12000 r/min,4 ℃离心 10 min,经常在离心后看不到 RNA 沉淀,因为它们在 EP 管侧壁上形成较小的凝胶状。

11. 吸去液体可见白色沉淀,加入 75%乙醇 1 mL(1 倍 TRIZOL 试剂体积)洗涤 2 次。

12. 7500 g(9000 r/min),4 ℃离心 5 min。

13. 吸去液体,室温干燥 5 min。不要让 RNA 沉淀完全干燥,因为这样做会减少它的溶解性。干燥 RNA 的时间要恰好能去掉残余的乙醇。部分溶解的 RNA 样品 $A_{260}/A_{280}<$ 1.6。

14. 沉淀溶于 DEPC 水中,分装后 -70 ℃保存,期间避免多次冻融。

15. RNA 鉴定(普通琼脂糖凝胶电泳法)。

(1) 用 DEPC 水配制 1×TAE 溶液,再用此溶液配制 1%琼脂糖凝胶(含终浓度为

0.5 μg /mL EB，SYBR Green 可选)。

(2) 在 0.2 mL EP 管中加入 1 μL 提取的 RNA，9 μL DEPC 水，2 μL 6×loading Buffer，混匀。

(3) 上样，在 1×TAE 溶液中保持恒压 100 V 电泳 25 min，取出凝胶，置于紫外灯下观察，正常状态下可见 3 条亮带(图 15.1)，从上样孔往下依次为 28S、18S 和 5S (5.8S)。如果 28S 和 18S 条带明亮、清晰、条带锐利(指条带的边缘清晰)，并且 28S 的亮度在 18S 条带的 2 倍以上，表明提取的 RNA 的质量较好，见图 15.1。

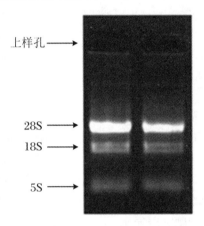

图 15.1　RNA 的琼脂糖电泳鉴定

16. RNA 纯度检测及含量计算。

(1) 取少量提取的 RNA，经紫外线扫描，吸收峰位于波长 260 nm 处。RNA 纯度为 $A_{260}/A_{280}=1.8\sim2.0$。

(2) A_{260} 值为 1 的 RNA 溶液约含有 40 μg/mL。因此：

$$RNA 浓度(\mu g/mL) = A_{260} 值 \times 40\ \mu g/mL \times 稀释倍数$$
$$RNA 总量(\mu g) = RNA 浓度 \times 总体积(mL)$$

【注意事项】

1. 在提取 RNA 的任何操作步骤中，都有可能由于操作不当偶然引入核糖核酸酶(RNA 酶)。提取 RNA 实验失败的主要原因是 RNA 酶的污染。由于 RNA 酶广泛存在并且稳定，一般反应不需要辅助因子，因而 RNA 中只要存在少量的 RNA 酶就会引起 RNA 在提取与分析过程中的降解，而所提取的 RNA 的纯度和完整性又可直接影响 RNA 分析的结果。因为 RNA 酶的活性很难抑制，所以在实验中，一方面要严格控制外源性 RNA 酶的污染，另一方面要最大限度地抑制内源性的 RNA 酶(细胞内的 RNA 酶)。在提取 RNA 时，建议如下操作：① 总是戴着一次性手套。人类皮肤上有细菌和真菌，容易污染 RNA，成为外源 RNA 酶的主要来源。采取必要的措施防止微生物污染。② 使用无菌的移液器和一次性枪头，防止 RNA 酶的交叉污染。③ 在 TRIZOL 试剂中，可以保护 RNA 免受 RNA 酶污染。后续操作中使用的玻璃器皿可以先用锡铂纸包裹好后，150 ℃ 烘烤 4 h 以上，以去除 RNA 酶。④ 尽可能在无菌的通风橱中进行提取 RNA 的操作。

2. 单层培养的哺乳动物细胞,不要用胰蛋白酶消化,这样做可能会导致 RNA 降解,同时改变细胞生长状态。

3. 从少量细胞($10^2 \sim 10^4$)中提取 RNA,加入 800 μL TRIZOL 试剂。在样品裂解后,加入氯仿,参照步骤 4 操作。在异丙醇沉淀 RNA 之前,加入 5~10 μg 无 RNA 酶的糖原作为沉淀指示剂。

4. 在加入氯仿之前,样品可以在 $-60 \sim -70$ ℃下贮存至少 1 个月。RNA 沉淀可以在 4 ℃ 75%乙醇溶液中贮存至少 1 个星期,或者在 -20 ℃下贮存至少 1 年。

5. DEPC 被认为是致癌物,因为 DEPC 和铵离子反应生成氨基甲酸乙酯,它是一种潜在的致癌剂,所以处理时要小心。高压可使 DEPC 失效。

6. TRIZOL 试剂和皮肤接触有毒性,有灼伤感。如果不小心和皮肤接触,立刻用去污剂和水洗涤。TRIZOL 试剂在 4 ℃保存,至少可以使用 1 年。

（安然）

实验十六 RT-PCR

【实验目的】

了解 RT-PCR 的基本概念和基本原理;掌握 RT-PCR 的操作方法和主要步骤。

【实验原理】

RT-PCR 是将 RNA 的反转录(RT)和 cDNA 的聚合酶链式扩增(PCR)相结合的技术。首先,经反转录酶的作用从 RNA 合成 cDNA,再以 cDNA 为模板,扩增合成目的片段。RT-PCR技术灵敏而且用途广泛,可用于检测细胞中基因表达水平,细胞中 RNA 病毒的含量和直接克隆特定基因的 cDNA 序列。作为模板的 RNA 可以是总 RNA、mRNA 或体外转录的 RNA 产物。RT-PCR 用于对表达信息进行检测或定量。另外,这项技术还可以用来检测基因表达差异或不必构建 cDNA 文库克隆 cDNA。RT-PCR 比其他包括 Northern 印迹、RNase 保护分析、原位杂交及 S1 核酸酶分析在内的 RNA 分析技术更灵敏,更易于操作。

逆转录反应可以使用逆转录酶,以随机引物、oligo(dT)或基因特异性的引物(GSP)起始。RT-PCR 可以用一步法或两步法的形式进行。在两步法 RT-PCR 中,每一步都在最佳条件下进行。cDNA 的合成首先在逆转录缓冲液中进行,然后取出 1/10 的反应产物进行 PCR。在一步法 RT-PCR 中,逆转录和 PCR 在同时为逆转录和 PCR 优化的条件下,在同一管中顺次进行。

本实验 RT-PCR 以上述分离纯化的 RNA 为模板(见实验十五),以 dNTP 为原料,在反转录酶的作用下,以碱基互补配对为原则,合成 RNA:DNA 杂化双链。杂化双链中的 RNA 被 RNA 酶 H 水解后,即可获得 cDNA 第一链,再经 PCR 扩增。

【实验试剂】

1. 焦碳酸二乙酯(DEPC)。
2. 无 RNA 酶的 TE 缓冲液。
3. RevertAid First Strand cDNA Synthesis Kit(逆转录试剂盒):100 μmol/L Oligo(dT)$_{18}$、DEPC-H$_2$O、5 × Reaction Buffer、Ribolock RNase Inhibitor (20 U/μL)、10 mmol/L dNTP Mix、RevertAid M-MuLV RT(200U/μL)。

4. RNA 酶。

5. 总 RNA。

6. 人 Beta-actin(250bp)。

7. 引物 1:5′-ACCAAAAGCCTTCATACATCTCA-3′;

引物 2:5′-GCCGAGGACTTTGATTGCAC-3′。

【实验操作】

1. 总 RNA 溶液浓度的调节:以 DEPC-H$_2$O 稀释总 RNA 溶液,至合适浓度(0.50 g/L)。

2. RNA/Oligo(dT)$_{18}$引物的混合:

RNA 溶液　　　　　　2 μL

Oligo(dT)$_{18}$　　　　1 μL

DEPC-H$_2$O　　　　　9 μL

混匀。

3. 在上述混合物中加入以下试剂:

5×Reaction Buffer　　　　　　　　　　4 μL

Ribolock RNase Inhibitor (20U/μL)　　1 μL

10 mmol/L dNTP Mix　　　　　　　　2 μL

RevertAid M-MuLV RT(200U/μL)　　1 μL

混合后置 42 ℃温浴 60 min。

4. 70 ℃保温 5 min 中止反应,冰上冷却。

5. 即得 cDNA 第一链,用于 PCR 或置于 -20 ℃备用。

6. PCR。加入以下试剂:

cDNA 1st strand　　　　　4 μL

引物 1(10 mol/L)　　　　1 μL

引物 1(10 mol/L)　　　　1 μL

2×Taq MasterMix (Dye)　　12.5 μL

DEPC-H$_2$O　　　　　　　up to 25 μL

充分混匀,短暂离心。

7. 根据引物及实验条件选择反应时间:

94 ℃　　　4 min

94 ℃　　　30 s

55 ℃　　　30 s　　　循环 30 次

72 ℃　　　30 s

72 ℃　　　5 min

8. 结果观察：获得的 RT-PCR 产物，经过琼脂糖凝胶电泳后，在紫外灯下观测，可见到特异的目标条带。获得的 RT-PCR 产物经过限制性内切酶酶切后可用于连接和转化，构建表达载体。

【注意事项】

实验室应保持清洁，做实验时必须戴手套及帽子，防止 RNA 酶污染。

（查晓军）

实验十七　目的基因 DNA 的回收

【实验目的】

了解琼脂糖凝胶电泳分离核酸和回收的基本原理,掌握通过琼脂糖凝胶电泳分离核酸和回收的操作方法和主要步骤。

【实验原理】

1. 琼脂糖凝胶电泳:见实验十二(PCR 及琼脂糖凝胶电泳)。
2. 目的基因 DNA 回收:实验得到的目的基因 DNA 片段,为了用于后面的 DNA 酶切、连接实验,必须要进行回收。本实验使用回收试剂盒。一般商品试剂盒适合从各种琼脂糖凝胶中回收多至 8 μg DNA(70 bp-10 Kb),回收率为 60%～85%。琼脂糖凝胶在温和的缓冲液(DE-A 溶液)中熔化,其中的保护剂能防止线状 DNA 在高温下降解,然后在结合液(DE-B 溶液)的作用下使 DNA 选择性结合到膜上。纯化的 DNA 纯度高,并保持片断完整性和高生物活性,可直接用于连接、体外转录、PCR 扩增、测序、微注射等分子生物学实验。

【实验试剂】

1. 50×TAE 缓冲液。
2. 10 mg/mL EB:0.2 g EB 加无菌水至 20 mL,充分混匀,贮存于 4 ℃。
3. DNA 上样缓冲液(6×10 ading Buffer)。
4. 1.5%琼脂糖凝胶。
5. DNA Marker:DL 2000、DL 15000。
6. PCR 产物(ubiqutin,来自前面实验)。
7. DNA 回收试剂盒:① Buffer DE-A:凝胶熔化剂,含 DNA 保护剂,防止 DNA 在高温下降解,室温密闭贮存。② Buffer DE-B:结合液(促使大于 70bp 的 DNA 片段选择性结合到 DNA 制备膜上),室温密闭贮存。③ Buffer W1:洗涤液,室温密闭贮存。④ Buffer W2 concentrate:去盐液,使用前,按试剂瓶上指定的体积加入无水乙醇(用 100%乙醇或 95%乙醇),混合均匀,室温密闭贮存。⑤ Eluent:洗脱液,室温密闭贮存。

【实验操作】

1. 琼脂糖凝胶电泳。

(1) 称取 1.5 g 琼脂糖加入 150 mL 1×TAE 缓冲液中,用微波炉加热使之完全溶解。

(2) 待溶液冷却至 50 ℃左右时,加入 7.5 μL EB,充分混匀。

(3) 将溶胶倒入凝胶槽中并插入梳子,待其冷却并完全凝固后拔出梳子。

(4) 将凝胶放至电泳槽中,加 1×TAE 缓冲液至液面完全盖过凝胶。

(5) 分别吸取 PCR 产物 20 μL,加入 6×loading Buffer 4 μL,混匀。

(6) 将混合液加入电泳孔中,同时在一个凝胶孔中加入 DNA Marker,接通电源, 130 V,电泳 30 min。

(7) 电泳结束后,将凝胶放至紫外观测仪下观察,目的基因条带约 240 bp 大小(ubiqutin, 实验选用的基因不同,大小也不同)。切割后回收。

2. 目的基因片段的回收。

(1) 实验准备:① 第 1 次使用前,Buffer W2 concentrate 中加入指定体积的无水乙醇。 ② 准备无核酸和核酸酶污染的 Tip 头、离心管。③ 准备 75 ℃水浴。④ 使用前,检查 Buffer DE-B 是否出现沉淀,若出现沉淀,应于 70 ℃温浴加热熔化并冷却至室温后再使用。

(2) 在紫外灯下切下含有目的 DNA 的琼脂糖凝胶,用纸巾吸尽凝胶表面液体并切碎。 计算凝胶重量(提前记录 1.5 mL 离心管重量),该重量作为一个凝胶体积(如 100 mg = 100 μL 体积)。

(3) 加入 3 个凝胶体积的 Buffer DE-A,混合均匀后于 75 ℃加热(低熔点琼脂糖凝胶于 40 ℃加热),间断混合(每 2~3 min),直至凝胶块完全熔化(6~8 min)。注意:Buffer DE-A 为红色溶液。在熔化凝胶的过程中,可以帮助观察凝胶是否完全熔化。

(4) 加 0.5 个 Buffer DE-A 体积的 Buffer DE-B,混合均匀。当分离的 DNA 片段小于 400 bp 时,需再加入 1 个凝胶体积的异丙醇。注意:加 Buffer DE-B 后混合物颜色变为黄 色,充分混匀以保证形成均一的黄色溶液。

(5) 吸取步骤(3)中的混合液,转移到 DNA 制备管(置于 2 mL(试剂盒内提供)离心管) 中,12000 r/min 离心 1 min。弃滤液。

(6) 将制备管置回 2 mL 离心管,加 500 μL Buffer W1,12000 r/min 离心 30 s,弃滤液。

(7) 将制备管置回 2 mL 离心管,加 700 μL Buffer W2,12000 r/min 离心 30 s,弃滤 液。以同样的方法再用 700 μL Buffer W2 洗涤一次,12000 r/min 离心 1 min。

注意:确认在 Buffer W2 concentrate 中已按试剂瓶上的指定体积加入无水乙醇。两次 使用 Buffer W2 冲洗能确保盐分被完全清除,消除对后续实验的影响。

(8) 将制备管置回 2 mL 离心管中,12000 r/min 离心 1 min。

(9) 将制备管置于洁净的 1.5 mL 离心管(试剂盒内提供)中,在制备膜中央加 25~ 30 μL Eluent 或去离子水,室温静置 1 min。12000 r/min 离心 1 min 洗脱 DNA。

注意:将 Eluent 或去离子水加热至 65 ℃将提高洗脱效率。为了增加回收产物的量,两 个同学的酶切产物合并后进行回收,即两个同学切下来的质粒进行合并,切下来的目的基因 进行合并后回收。

【注意事项】

1. EB 是一种强烈的诱变剂，有致癌作用，并有中度毒性，接触琼脂糖凝胶和电泳后的缓冲液时应戴手套，不要直接碰到皮肤或衣物。

2. 制备琼脂糖凝胶时不能有气泡。

3. 切取目的基因片段凝胶时，要尽量把 DNA 片段全部切下来，并且尽量把周围没有 DNA 的凝胶切除。

4. 紫外线对人体有损伤，尤其是眼睛，应注意防护。

5. Buffer DE-A(含有 β-巯基乙醇)、Buffer DE-B 和 Buffer W1 含刺激性化合物，操作时避免沾染皮肤、眼睛和衣服，谨防吸入口鼻。若沾染皮肤、眼睛，要立即用大量清水或生理盐水冲洗，必要时寻求医疗咨询。

6. 在回收步骤(2)中，将凝胶切成细小的碎块可大大缩短凝胶熔化的时间(线型 DNA 长时间暴露在高温条件下易于水解)，从而提高回收率。勿将含 DNA 的凝胶长时间地暴露在紫外灯下，避免紫外线对 DNA 造成的损伤。

7. 在步骤回收(3)中凝胶必须完全熔化，否则将严重影响 DNA 回收率。

8. 将 Eluent 或去离子水加热至 65 ℃ ，有利于提高洗脱效率。

9. DNA 分子呈酸性，建议在 2.5 mmol/L Tris-HCl，pH 7.0～8.5 洗脱液中保存。

(安然)

实验十八　限制性内切酶酶切

【实验目的】

了解限制性内切酶酶切的基本概念；在基因工程中的作用，掌握限制性内切酶酶切的操作方法和主要步骤。

【实验原理】

限制性核酸内切酶（restriction endonuclease），简称限制性核酸酶。这是一类识别 DNA 的特异序列，并在识别位点或其周围切割双链 DNA 的一类内切酶。其识别位点通常为 4~6 bp。限制性核酸内切酶分布极广，几乎在所有细菌的属、种中都发现至少一种限制性内切酶，多者在一属中就有几十种。在菌体内，它与相伴存在的甲基化酶（methylase）共同构成细菌的限制-修饰体系，限制外源性的 DNA，保护自身 DNA。而在现代分子生物学中，限制性内切酶被广泛应用于分子克隆等领域。到目前为止，细菌是限制性内切酶的主要限制酶的重要来源，限制性核酸内切酶的命名是根据细菌种类而定，以 EcoRⅠ 为例，见表18.1 所示。

表 18.1　EcoRⅠ 的命名依据

E	Escherichia	属
co	coli	种
R	RY13	品系
Ⅰ	1	在此类细菌中发现的顺序

根据酶的组成、所需因子及裂解 DNA 方式的不同，可将限制性内切酶分成三类，其中，Ⅱ型酶在其识别位点之中或临近的确定位点特异地切开 DNA 链。它们产生确定的限制片段和跑胶条带，因此，Ⅱ型酶是重组 DNA 技术中常用的限制性内切酶。大部分Ⅱ类酶识别 DNA 位点的核苷酸序列呈二元旋转对称，即通常所说的回文结构，如图 18.1 所示。由图 18.1 可以看出，酶切后可能产生平端（钝端）切口或者黏端切口，以适应克隆中的不同需要。

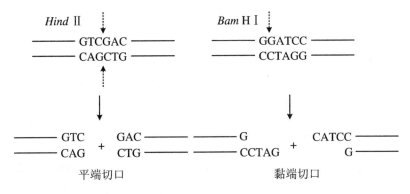

图 18.1　限制性核酸内切酶的作用位点

末端性质的不同,对重组 DNA 和相关的分子生物学技术影响很大,如切割载体,要根据所选用的载体上的酶切位点不同,选择不同的内切酶。因此,选择正确的酶和载体,是实验成功的关键。选择的酶在底物 DNA 上必须至少有一个相应的识别位点。本次实验我们使用的载体为质粒 pET-21b(+),上面就带有 NdeⅠ和 XhoⅠ的单酶切位点。其质粒图谱见图 18.2。

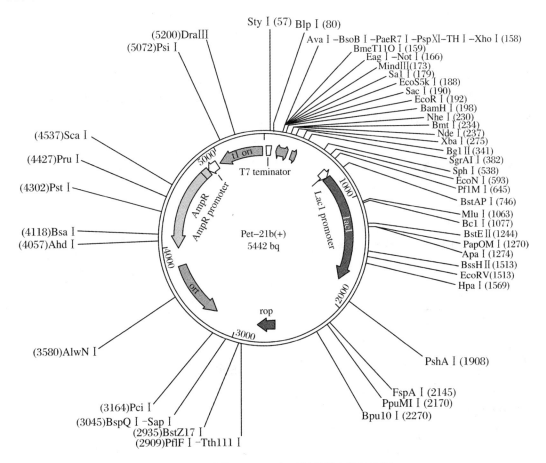

图 18.2　质粒 pET-21b(+)限制性内切酶图谱

选择合适的酶,还需要建立一个合适的酶切体系。这要考虑到限制性内切酶的活性单位,一个活性单位通常是指,在 50 μL 的反应体系里,采用随酶提供的缓冲液,用 1 h 的时间,彻底消化 1 μg 底物 DNA 所需的酶量。目前大多数研究者遵循一条规则,即 10 个单位的内切酶可以切割 1 μg 不同来源和纯度的 DNA。通常,一个 50 μL 的反应体系中,1 μL 的酶在 1×Buffer 终浓度及相应温度条件下反应 1 h 即可降解 1 μg 已纯化好的 DNA。如果加入更多的酶,则可相应缩短反应时间;如果减少酶的用量,对许多酶来说,相应延长反应时间也可完全反应。但是时间不宜超过 16 h,否则有些酶会出现信号活性,干扰试验的结果。

酶切体系所需的试剂,除了样品 DNA 外,基本由试剂公司统一提供。酶切体系中的缓冲液,可以直接选择随酶提供的缓冲液。它几乎可保证 100% 的酶活性。缓冲液使用浓度应为 1×Buffer。需要注意的是,对于多酶切体系,需要查阅相关说明,选择合适的缓冲液,或者选用多组分 Buffer。如果没有合适的 Buffer,则还需要分步进行酶切,这样在操作上就相对复杂些。有的酶要求 100 μg/mL 的 BSA,以实现最佳活性。一般情况下,试剂公司也随酶提供一定的 BSA(10 mg/mL)。对于待切割的 DNA,有一定的纯度和浓度的要求,应当去除酚、氯仿、乙醇、EDTA、去污剂或过多盐离子的污染,以免干扰酶的活性。DNA 的甲基化也应该是酶切要考虑到的因素。

大部分酶的反应温度为 37 ℃,从嗜热菌中分离出来的内切酶则要求更高的温度。一般为 50~65 ℃不等。要根据酶的说明书进行选择。同样,酶切反应的时间一般是 1 h,但是根据实际所加的酶量和 DNA 的量来确定,如果不进行下一步酶切反应,可用终止液来终止反应(终止液:50% 的甘油、50 mmol/L EDTA(pH 8.0)、0.05% 溴酚蓝(10 μL/50 μL 反应液))。如果要进行下一步酶切反应,可用热失活法终止反应(65 ℃或 85 ℃,20 min),但是热失活并不能适用于所有的酶。

【实验试剂】

1. 限制性内切酶 Nde I。
2. 限制性内切酶 Xho I。
3. 10×Buffer。

【实验操作】

1. 质粒 DNA 的酶切:取 0.5 mL 离心管 1 只,依次加入:

质粒	15 μL
10×缓冲液	2.0 μL
Nde I	1 μL
Xho I	1 μL
Sterile ddH$_2$O	1 μL

总体积 20 μL,点动混匀。37 ℃水浴 3~4 h。

2. PCR 产物的酶切:取 0.5 mL 离心管 1 只,依次加入:

PCR 产物　　　　　15 μL

10×缓冲液　　　　2.0 μL

Nde I　　　　　　1 μL

Xho I　　　　　　1 μL

Sterile ddH$_2$O　　1 μL

总体积 20 μL,点动混匀。37 ℃水浴 3~4 h。

【注意事项】

1. 酶:DNA 的反应比例:酶的体积不要超过总体积的 10%。

2. 内切酶一旦拿出冰箱后应当立即置于冰上。酶应当是最后一个被加入到反应体系中的(在加入酶之前所有的其他反应物都应当已经加好并已预混合)。

3. 待切割的 DNA 纯度要高。对于有些酶,PCR 体系不能直接作为底物进行酶切,需要先纯化后才能进行酶切。

4. 较小的反应体积更容易受到移液器误差的影响。

5. 想要反应完全,必须使反应液充分混合。用手指轻弹管壁混合,再快速离心 1 次即可。注意:反应液不可振荡。

(安然)

实验十九　DNA片段和载体的连接反应

【实验目的】

掌握DNA片段和载体的连接反应的操作方法和主要步骤。

【实验原理】

外源基因(DNA片段)很难直接透过受体细胞的细胞膜进入受体细胞,即使进入,也会受到细胞内限制性酶的作用而分解。要将外源DNA片段导入受体细胞,必须选择适当的载体(vector),这是关键步骤之一。含有目的基因的DNA片段和载体DNA连接技术即DNA重组技术,其核心步骤是DNA片段之间的体外连接,其本质涉及限制酶、连接酶等酶促反应过程。

载体是携带外源基因进入受体细胞的工具。作为载体的DNA分子,需具备两项基本条件:① 容易进入寄主细胞。② 进入寄主细胞后能够独立进行自主的复制和表达。③ 容易从宿主细胞中分离纯化。通常在基因工程中选作载体的有:① 质粒——环状双链小型DNA分子,种类甚多,有的可在细菌细胞内独立复制,有的亦可用于动植物细胞。② 噬菌体——常用的是λ噬菌体。经构建后,常用于细菌细胞。③ 病毒——例如猿猴空泡病毒SV40常用作动物细胞基因工程的载体。④ 黏粒。

DNA片段之间的连接分为两种:① 黏性末端的连接:用同一种限制性内切酶或者用能够产生相同黏性末端的两种限制内切酶分别消化外源DNA分子和载体,所形成的DNA末端彼此互补,用DNA连接酶共价连接起来,形成重组体DNA分子。② 平末端的连接:可先生成黏性末端,在带平头末端的DNA片段的$3'$-末端加上多聚核苷酸的尾巴,在载体上加上互补的尾巴,然后用DNA连接酶连接。

本次实验中,使用的是来源于T4噬菌体的T4 DNA连接酶,对于平末端或互补的黏性末端可直接进行连接反应。

【实验试剂】

1. 10×T4 DNA ligase Buffer。
2. T4 DNA ligase。

【实验操作】

将下列试剂依次加入:

10×T4 DNA ligase Buffer	1.0 μL
T4 DNA ligase	0.5 μL
DNA 片段	5 μL
载体	3 μL
Sterile dd H_2O	0.5 μL

总体积 10 μL,混匀,16 ℃过夜。

【注意事项】

1. 进行连接反应时,为了减少片段的自连,通常要进行去磷酸化。

2. 在连接反应中,目的 DNA 片段和载体的比例是一个关键问题,一般质粒和 DNA 片段的摩尔浓度比为 3:8,PCR 产物片段的相对载体是过量的。

3. 除上述因素外,DNA 样品的纯度、盐浓度等也会影响连接效率。

(章华兵)

实验二十　大肠杆菌感受态细胞的制备和转化

【实验目的】

了解感受态细胞的制备和转化的基本概念和基本原理;掌握大肠杆菌感受态细胞的制备和转化的操作方法和主要步骤。

【实验原理】

在自然条件下,很多质粒都可通过细菌接合作用转移到新的宿主内,但在人工构建的质粒载体中,一般缺乏此种转移所必需的 mob 基因,因此,不能自行完成从一个细胞到另一个细胞的接合转移。如需将质粒载体转移进受体细菌,需诱导受体细菌产生一种短暂的感受态以摄取外源 DNA。转化(transformation)是将外源 DNA 分子引入受体细胞,使之获得新的遗传性状的一种手段,它是微生物遗传、分子遗传、基因工程等研究领域的基本实验技术。

转化过程所用的受体细胞一般是限制修饰系统缺陷的变异株,即不含限制性内切酶和甲基化酶的突变体(R^-,M^-),它可以容忍外源 DNA 分子进入体内并稳定地遗传给后代。受体细胞经过一些特殊方法,如电击法,$CaCl_2$、$RbCl(KCl)$ 等化学试剂法的处理后,细胞膜的通透性发生了暂时性的改变,成为能允许外源 DNA 分子进入的感受态细胞(compenent cells)。进入受体细胞的 DNA 分子通过复制、表达来实现遗传信息的转移,使受体细胞出现新的遗传性状。将经过转化后的细胞在筛选培养基中培养,即可筛选出转化子(transformant,即带有异源 DNA 分子的受体细胞)。目前,常用的感受态细胞制备方法有 $CaCl_2$ 和 $RbCl(KCl)$ 法。$RbCl(KCl)$ 法制备的感受态细胞转化效率较高,但 $CaCl_2$ 法简便易行,且其转化效率完全可以满足一般实验的要求,制备出的感受态细胞暂时不用时,可加入占总体积 15% 的无菌甘油,于 -70 ℃ 保存(半年),因此 $CaCl_2$ 法使用更广泛。

为了提高转化效率,实验中要考虑以下几个重要因素:

1. 细胞生长状态和密度。

不要用经过多次转接或贮于 4 ℃ 的培养菌,最好从 -70 ℃ 或 -20 ℃ 甘油保存的菌种中直接转接用于制备感受态细胞的菌液。细胞生长密度以刚进入对数生长期为好,可通过监测培养液的 A_{600} 来控制。TOP 10 菌株的 A_{600} 为 0.5 时,细胞密度在 $5×10^7$ 个/mL 左右(不同的菌株情况有所不同)比较合适。密度过高或不足均会影响转化效率。

2. 质粒的质量和浓度。

用于转化的质粒 DNA 应是超螺旋 DNA(cccDNA)。转化效率与外源 DNA 的浓度在一定范围内成正比,但当加入的外源 DNA 的量过多或体积过大时,转化效率就会降低。1 ng的 cccDNA 即可使 50 μL 的感受态细胞达到饱和。一般情况下,DNA 溶液的体积不应超过感受态细胞体积的 5%。

3. 试剂的质量。

所用的试剂,如 $CaCl_2$ 等均需是最高纯度的(GR 或 AR),并用超纯水配制,最好分装保存于干燥的冷暗处。

4. 防止杂菌和杂 DNA 的污染。

整个操作过程均应在无菌条件下进行,所用器皿,如离心管、tip 头等最好是新的并经高压灭菌处理。所有的试剂都要灭菌,且注意防止被其他试剂、DNA 酶或杂 DNA 所污染,否则均会影响转化效率或杂 DNA 的转入,为以后的筛选、鉴定带来不必要的麻烦。

本实验以 TOP 10 菌株为受体细胞,并用 $CaCl_2$ 处理,使其处于感受态,然后与pET-21b(+)质粒共保温、实现转化。由于 pET-21b(+)质粒带有氨苄青霉素抗性基因(Ampr),可通过 Amp 抗性来筛选转化子。如受体细胞没有转入 pET-21b(+),则在含Amp 的培养基上不能生长。能在 Amp 培养基上生长的受体细胞(转化子)肯定已导入了PBS。转化子扩增后,可将转化的质粒提取出,进行电泳、酶切等进一步鉴定。

【实验试剂】

1. LB 固体和液体培养基。

(1) LB 液体培养基:配制每升培养基,应该在 950 mL 去离子水中加入胰蛋白胨 10 g、酵母提取物 5 g、NaCl 10 g,摇动容器直至溶质溶解,用 5 mol/L NaOH 将液体 pH 调至7.0,用去离子水定容至 1 L,在 15 psi 高压下蒸汽灭菌 21 min。

(2) LB 固体培养基:1000 mL 液体培养基中每升加 12 g 琼脂粉,高压灭菌。

2. 氨苄青霉素(ampicillin,AP 或 Amp)贮存液:配成 50 mg/mL 水溶液,- 20 ℃保存备用。

3. 含 Amp 的 LB 固体培养基:将配好的 LB 固体培养基高压灭菌后冷却至 60 ℃左右,加入 Amp 贮存液,使终浓度为 50 μg/mL,摇匀后铺板。

4. 0.05 mol/L $CaCl_2$ 溶液。

5. 0.1 mol/L $CaCl_2$ 溶液。

6. TOP 10 菌株:R^-、M^-、Amp^-。

7. pET-21b(+)。

【实验操作】

1. 受体菌的培养。

从 LB 平板上挑取新活化的 TOP 10 单菌落,接种于 3～5 mL LB 液体培养基中,37 ℃下振荡培养 12 h 左右,直至对数生长后期。将该菌悬液以 1∶100～1∶50 的比例接种于3 mL LB 液体培养基中,37 ℃振荡培养 2～3 h 至 $A_{600} = 0.5$ 左右。

2. 感受态细胞的制备（$CaCl_2$ 法）。

（1）将培养液转入离心管中，冰上放置 10 min，然后于 4 ℃下 3000 g 离心 10 min。

（2）弃去上清，用预冷的 0.05 mol/L 的 $CaCl_2$ 溶液 1 mL 轻轻悬浮细胞，冰上放置 15～30 min 后，4 ℃下 3000 g 离心 10 min。

（3）弃去上清，加入 100 μL 预冷的 0.1 mol/L $CaCl_2$ 溶液，轻轻悬浮细胞，冰上放置几分钟，即成感受态细胞悬液。

3. 转化。

（1）从 -70 ℃冰箱中取 100 μL 感受态细胞悬液，室温下使其解冻，解冻后立即置于冰上。

（2）加入 pET-21b(+)质粒 DNA 溶液（含量不超过 50 ng，体积不超过 10 μL），轻轻摇匀，冰上放置 30 min 后。

（3）42 ℃水浴中热击 90 s，热击后迅速置于冰上冷却 3～5 min。

（4）向管中加入 1 mL LB 液体培养基（不含 Amp），混匀后 37 ℃振荡培养 1 h，使细菌恢复正常生长状态，并表达质粒编码的抗生素抗性基因（Amp）。

（5）将上述菌液摇匀后取 100 μL 涂布于含 Amp 的筛选平板上，正面向上放置半小时，待菌液完全被培养基吸收后倒置培养皿，37 ℃培养 16～24 h。

同时做两个对照。① 对照组 1：以同体积的无菌双蒸水代替 DNA 溶液，其他操作与上面相同。此组正常情况下在含抗生素的 LB 平板上应没有菌落出现。② 对照组 2：以同体积的无菌双蒸水代替 DNA 溶液，但涂板时只取 5 μL 菌液涂布于不含抗生素的 LB 平板上，此组正常情况下应产生大量菌落。

4. 计算转化率。

统计每个培养皿中的菌落数。转化后在含抗生素的平板上长出的菌落即为转化子，根据此皿中的菌落数可计算出转化子总数和转化频率，公式如下：

转化子总数＝菌落数×稀释倍数×转化反应原液总体积/涂板菌液体积

转化频率（转化子数/每 mg 质粒 DNA）＝转化子总数/质粒 DNA 加入量（mg）

感受态细胞总数＝对照组 2 菌落数×稀释倍数×菌液总体积/涂板菌液体积

感受态细胞转化效率＝转化子总数/感受态细胞总数

【注意事项】

本实验方法也适用于其他 E. coli 受体菌株的不同的质粒 DNA 的转化。但它们的转化效率并不相同。有的转化效率高，需将转化液进行多梯度稀释涂板才能得到单菌落平板，而有的转化效率低，涂板时必须将菌液浓缩（如离心），才能较准确的计算转化率。

（章华兵）

实验二十一 阳性克隆的筛选

【实验目的】

了解基因工程中阳性克隆的筛选的基本原理;掌握通过原核表达的阳性克隆筛选的操作方法和主要步骤。

【实验原理】

在基因克隆、DNA 文库和 cDNA 文库的制备过程中,外源 DNA 与载体连接、载体转化宿主细胞时或体外包装的载体中,往往有一部分是没有外源 DNA 的空载体。为了从克隆的群体中排除假阳性的重组子,从成千上万的重组子中筛选出所需要的目的基因克隆以及证明选择的克隆含有所需要的目的基因,有必要进行筛选,这也是克隆目的基因过程中的重要步骤。筛选的目的就是挑选出含有目的基因的重组体,重组子的筛选就是把携带有外源插入 DNA 片段的克隆挑选出来。

克隆的筛选可以根据载体类型、受体细胞特性的变化、外源 DNA 分子本身的特性,采用不同的方法。主要有遗传学检测、物理特性检测、分子杂交以及免疫学分析等。从初步筛选直到分子杂交,进一步到 DNA 测序和基于蛋白质功能的分析,使得对克隆的检测逐步深入和精确。

1. 重组克隆的遗传学检测

遗传学检测方法是重组子筛选过程中最初的检测步骤。重组子的表征来源于载体所携带的标记和重组子的结构特性。根据这两类表征对重组子进行初步筛选。

(1) 抗药性筛选法:这是利用载体 DNA 上组装的抗药性选择标记进行筛选的方法。常用的抗生素筛选剂有:氨苄青霉素、氯霉素(chloramphenicol,Cm 或 Cmp)、卡那霉素(kanamycin,Kn 或 Kan)、四环素(tetracymic,Tc 或 Tet)和链霉素(strentomycin,Sm 或 Str)等。重组质粒 DNA 由于携带特定的抗药性基因,转化后赋予受体菌在含有相应抗生素的培养基上正常生长,而不含此载体的 DNA 的受体菌不能存活。在质粒载体中通常使用双抗药性标记。例如,以质粒载体 pBR 322 为例,pBR 322 含有 Tet^r 和 Amp^r 两个抗性基因。非重组的野生型 pBR 322 应该表现出对 Tet 和 Amp 两种抗生素的抗性活性。能在其中之一下生长的受体菌,说明其受体细胞已被转化。

(2) 插入失活筛选法:检测克隆载体携带有外源 DNA 的通常方法是插入失活。经过抗药性筛选获得的大量转化子中既包含所需要的重组子,也包含非重组子。为了进一步筛选出重组子,可利用质粒载体的抗药性进行再次筛选。例如,pBR 322 有四环素抗性基因

（Tet^r）和氨苄青霉素抗性基因（Amp^r），在 Tet^r 基因内有 BamH I 和 Sal I 两种限制酶位点，如果在这两个位点中有外源 DNA 插入，都会导致 Tet^r 基因失活。将转化后的细胞分别培养在含氨苄青霉素和四环素的培养基中，便可检出转化子细胞。

（3）插入表达筛选法：与插入失活相反，插入表达法是外源目的基因插入特定载体后，能激活用于筛选目的基因的表达，由此进行转化子的筛选。设计载体时，在筛选标记基因前面连接一段具有抑制作用的负调控序列，插入外源 DNA 将使该负调控序列失活，其下游的筛选标记基因才能表达。例如，质粒 pTR 262 有一个负调控的 c I 基因，当外源 DNA 片段插入 c I 基因中的 Bc II 或 Hind III 位点，造成 c I 基因失活，位 c I 基因下游的 Tet^r 基因（受 c I 基因控制）因解除阻遏而被表达，转化后的重组体细胞，在含有四环素的平板中可形成菌落；而未被酶解的质粒，自身环化质粒的转化细胞及未转化的受体细胞均不能形成菌落。

（4）环丝氨酸筛选法：这种筛选方法只适用于抗四环素的基因插入失活的重组克隆筛选。例如，四环素抗性插入失活。如果在 Tet^r 上插入外源 DNA，导致四环素抗性基因失活，可用四环素加环丝氨酸平板培养基选择重组克隆。Tet^r 失活的细菌生长被四环素抑制，不被环丝氨酸杀死而保留下来；Tet^r 不失活的细菌抗四环素，能分裂生长，反而被环丝氨酸杀死。

（5）显色反应筛选法：显色反应可以在平板上或膜上直接显示出重组克隆，优点是直接、方便和灵敏。例如，在某些载体如 M13 噬菌体载体、pUC 质粒系列和 pGEM 质粒系列中，都携带 lac z 基因的一段序列，编码 β-半乳糖苷酶的 α 肽，而宿主细胞为 lac z M15 的突变株。当将上述载体的转化细胞培养在含有 X-gal 和 IPTG 平板中，由于基因内的互补作用，产生有生物活性的 β-半乳糖苷酶，把培养基中的无色 X-gal 分解成半乳糖和呈蓝色的 5-溴-4 氯-靛蓝，使菌落呈蓝色，称为"α-互补"。若将外源 DNA 插入到载体上 lac z 序列中，使 α 肽基因失活，失去 α-互补作用，则重组体长出的菌落为无色，从而挑选出含有外源 DNA 重组体的阳性克隆。

2. 报告基因筛选

报告基因是某种生物的特定基因，装配在载体上成为载体结构的一部分，其表达产物易被检测，而受体细胞本身没有这种内源性产物，通过快速测定报告基因是否已经重组到载体中，判断外源基因是否已成功地导入宿主细胞（器官或组织），或者在宿主细胞中是否表达。

细胞内报告基因产物常作为直接观察载体活动的指示分子。把已知的调控元件连接到报告基因上，控制后者转录活性，对细胞中基因调控和表达的变化作出应答反应，从而直观地"报告"细胞内有关基因表达的信号传递。

基因工程中常用的报告基因有：① 氯霉素乙酰转移酶（chloraphenicol acetyltransferase，CAT）基因：氯霉素可选择性地与原核细胞核糖体 50S 亚基结合，抑制肽酰基转移酶的活性，从而阻断肽键的形成并最终抑制细胞生长；氯霉素乙酰转移酶可使氯霉素失活，促进细胞的生长。② β-葡萄糖醛酸糖苷酶（β-Glucuronidase，GUS）基因：β-葡萄糖酸糖苷酶能够催化某些特殊反应的进行，通过荧光、比色和组织化学的方法检测这些特殊反应产物即可确定 GUS 报告基因的表达情况。③ 荧光素酶（luciferase，LUC）基因：一种源于萤火虫的动物蛋白基因产物，能够催化生物发光反应。

3. 依赖于重组子结构特征分析的筛选方法

（1）快速裂解菌落鉴定分子大小：根据有外源 DNA 片段插入的重组质粒与载体、DNA 之间大小的差异来区分重组子和非重组子。

(2) 限制性核酸内切酶酶解分析法:将重组 DNA 分子限制酶切图谱与空载体图谱作对比,不仅可以进一步筛选鉴定重组子,而且能判断外源 DNA 片段的插入方向及分子质量大小等。

(3) 利用 PCR 方法筛选确定重组子:利用合适的引物,以从初选出来的阳性克隆中提取的质粒为模板进行 PCR 反应,通过对 PCR 产物的电泳分析来确定目的基因是否重组入载体中。

(4) DNA 序列测定:最后为了确证目的基因序列的正确性,必须对重组体的 DNA 进行序列测定。

4. 物理检测法筛选重组体

(1) 凝胶电泳检测法

质粒 DNA 的电泳迁移率是与其分子量大小成比例的。因此,那些带有外源 DNA 插入序列的分子量较大的重组体 DNA,在凝胶中的迁移速度,就要比不具有外源 DNA 插入序列的分子量较小的质粒 DNA 来得缓慢些。根据这种差别,就可以容易地鉴定出哪些菌落含有具外源 DNA 插入序列的分子量较大的重组质粒。

(2) R-环检测法

在临近双链 DNA 变性温度下和高浓度(70%)的甲酰胺溶液中,即所谓的形成 R-环的条件下,双链的 DNA-RNA 分子要比双链的 DNA-DNA 分子更为稳定。因此,将 RNA 及 DNA 的混合物置于这种退火条件下,RNA 便会同它的双链 DNA 分子中的互补序列退火形成稳定的 DNA-RNA 杂交分子,而使被取代的另一链处于单链状态。这种由单链 DNA 分支和双链 DNA-RNA 分支形成的"泡状"体,叫做 R-环结构。应用 R-环检测法,可以鉴定出双链 DNA 中存在的与特定 RNA 分子同源的区域。

【实验试剂】

1. 引物。pET-21b-ubiqutin(240 bp):

5′端: GGGAATTCCATATGCAGATCTTCGTCAAGACG;

3′端: CCCCTCGAGACCACCACGTAGACGTAAGAC。

2. 2×Taq Master Mix (Dye):

含有 Taq DNA Polymerase,3 mmol/L $MgCl_2$ 和 400 μmol/L each dNTP。

3. 10× Reaction buffer(无 Mg^{2+})。

4. 无菌水。

5. 2000 bp DNA Marker。

6. 10 mg/mL 溴化乙锭。

7. 1.5%琼脂糖。

【实验操作】

1. 挑取培养皿上的单克隆,加入到含有 10 μL 双蒸水的 EP 管中。

2. 在 PCR 仪上进行煮沸裂解细菌,条件为 99 ℃,2 min。然后 10000 r/min 离心 1 min。

3. PCR 扩增鉴定重组体。按下述方法将各反应组分加入一个 0.2 mL 无菌 EP 管中:

菌体裂解液	5.0 μL
10×Reaction Buffer	2.5 μL
2×Taq Master Mix(Dye)	12.5 μL
5′-primer	1 μL
3′-primer	1 μL
Sterile H_2O	3 μL

总体积 25 μL,充分混匀。打开 PCR 仪,预热 5 min,将 PCR 反应管短暂离心后放入 PCR 仪中。按下述程序运行:

94 ℃　4 min
94 ℃　30 s
55 ℃　30 s　}循环 30 次
72 ℃　30 s
72 ℃　5 min

4. 程序运行结束后,取出反应管,加样于 1.5%琼脂糖凝聚上,在 100 V 电压下电泳 20 min,在紫外灯下可见 DNA 片段。

【注意事项】

1. 溴化乙锭致癌,操作时应戴手套。
2. 紫外线对人有损伤,尤其是眼睛,应注意防护。

(章华兵)

实验二十二　基因表达产物的鉴定
——Western blot

【实验目的】

了解 Western blot 的基本原理;掌握用 Western blot 鉴定基因表达产物的操作方法和主要步骤。

【实验原理】

蛋白免疫印迹(Western blot)是将蛋白质转移到膜上,然后利用抗体进行检测的方法。对已知表达蛋白,可用相应抗体作为一抗进行检测,对新基因的表达产物,可通过融合部分的抗体检测。与 Southern blot 或 Northern blot 方法不同,但 Western blot 采用的是 SDS-聚丙烯酰胺凝胶电泳(sodium dodecyl sulfate polyacrylamide gel electrophoresis,SDS-PAGE),被检测物是蛋白质,"探针"是抗体,显色用标记的二抗。经过 SDS-PAGE 电泳分离的蛋白质样品,转移到固相载体(硝酸纤维滤膜、NC 膜、聚偏氟乙烯滤膜、PVDF 膜)上,固相载体以非共价键形式吸附蛋白质,且能保持电泳分离的多肽类型及其生物学活性不变。以固相载体上的蛋白质或多肽作为抗原,与对应的抗体起免疫反应,再与酶或同位素标记的第二抗体起反应,经过底物显色或放射自显影,以检测电泳分离的特异性目的基因表达的蛋白成分。该技术也广泛应用于检测蛋白水平的表达。

1. SDS-PAGE 电泳

聚丙烯酰胺是单体丙烯酰胺(acrylamide,Acr)和交联剂 N,N′-甲叉双丙烯酰胺(N,N′-methylene-bis-acrylamide,Bis)的高分子聚合物。其化学反应方程式如下所示。

聚丙烯酰胺是多孔的网状结构,其网孔的大小可因单体及交联剂的浓度、比例以及聚合的条件的不同而不同,这些网孔对电泳时大分子物质的穿行产生一定阻力,其阻力大小与大分子的大小、形状有关,所以它具有一定分子筛的作用,从而使以它作支持物的电泳的分辨率得到提高。聚丙烯酰胺凝胶电泳(PAGE)无电渗作用、样品用量少(1~100 μg)、分辨率高、凝胶机械强度大、重复性好以及可以通过调节单体浓度或单体与交联剂的比例而得到孔径不同的凝胶等优点而受到广泛的应用。

聚丙烯酰胺凝胶电泳常用的方法是将凝胶铺成凝胶板垂直进行电泳,称为垂直板电泳。见图 22.1。聚丙烯酰胺凝胶电泳常采用缓冲液组成、pH 和孔径都不均一的凝胶,这样的电泳方式称为不连续系统(dicontinuous system)的电泳。这种电泳所用的凝胶包括:① 可利用凝胶分子筛效应及颗粒带有不同数量电荷的效应而达到分离目的凝胶层,称为分离胶(separation gel)。分离胶除了像普通电泳那样要有适合 pH 的缓冲液(pH 通常为 8~9)外,其网孔较小以便发挥其分子筛效应来提高分辨率,所以这层凝胶层亦称为小孔胶(smallpore gel)。② 在分离胶前还要有可将样品中蛋白质压缩浓集成一扁层的凝胶层,称为浓缩胶(stacking gel)。这层凝胶的网孔很大,分子筛效应极微,所以这层胶是大孔胶(large-pore gel),浓缩胶可以将样品压缩成扁的窄带。浓缩胶除了网孔径与分离胶不同外,它的缓冲液组成及 pH 也和分离胶不同。因此,SDS-PAGE 的缓冲液组成、pH 和网孔孔径在凝胶中都是不连续的。浓缩胶缓冲液的 pH 是偏酸的(pH 6.8),电泳时浓缩胶中的 HCl几乎完全电离成 Cl^-,而甘氨酸因接近等电点而极少电离,这样在电场作用下,Cl^- 的泳动最快(先行离子),甘氨酸泳动最慢(随后离子),而样品中蛋白质的泳动速度介于这两种离子之间。当 Cl^- 快速泳动时,在它后面形成一个离子浓度低的低电导区,增大电位梯度,从而加速了蛋白质离子与甘氨酸离子的移动速度。因此,蛋白质离子就被这两种离子夹在中间迅速向前移动,浓缩成为一个薄层,直到遇到网孔小的分离胶为止。通过这种浓缩效应,可以使蛋白质浓缩好几百倍,集中到厚度仅为 10~100 μm 的扁平区带中,见图 22.2。在这区带中,由于各种蛋白质所带电荷不同,泳动速度不同,所以蛋白质也是按一定顺序排列起来的。

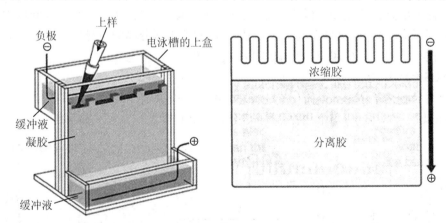

图 22.1 聚丙烯酰胺凝胶电泳仪器装置和不连续凝胶示意图

当电泳过程继续进行,到达小孔分离胶界面后,由于分离胶的 pH 偏碱,甘氨酸的电离能力增大,甘氨酸的分子量又小,其泳动速度大大超过蛋白质,从而越过蛋白质向前移动,所以在分离胶中,上述浓缩效应即告消失,而后由电荷效应和分子筛效应进一步将各种蛋白质组分进行分离,完成电泳的分离过程。

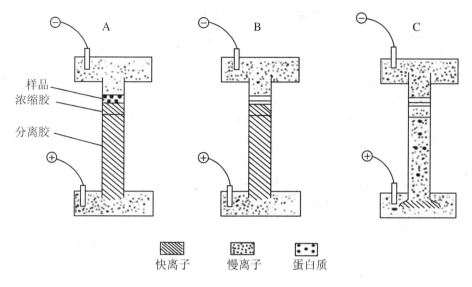

图 22.2　电泳过程示意图

A:电泳凝胶排列顺序;B:显示电泳开始后,蛋白质样品夹在快、慢离子之间被浓缩成极窄的区带;C:显示蛋白质样品分离成数个区带。

SDS-PAGE 是最常用的定性分析蛋白质的电泳方式,特别是用于蛋白质纯度检测和测定蛋白质分子量。PAGE 电泳能有效地分离蛋白质,主要依据的是其分子量和电荷的差异,而 SDS-PAGE 电泳的分离原理则仅根据蛋白质的分子量的差异来分离蛋白质,因为 SDS-PAGE电泳时,在要跑电泳的样品中加入了 SDS 和 2-巯基乙醇(2-ME)或二硫苏糖醇(DTT)。2-ME 和 DTT 可以断开半胱氨酸残基之间的二硫键,破坏蛋白质的四级结构。SDS 是一种阴离子表面活性剂即去污剂,它可以断开分子内和分子间的氢键,破坏蛋白质分子的二级及三级结构,并与蛋白质的疏水部分相结合,破坏其折叠结构。去污剂十二烷基硫酸钠(SDS)带有大量负电荷,其和蛋白质结合可以消除蛋白质原有的电荷量差别,此外,它还可以使蛋白质泳动,蛋白质的泳动速度主要和分子大小有关,因此,SDS-PAGE 广泛应用来鉴定蛋白质和测定其分子量。SDS 与蛋白质以 1.4∶1 的比例结合,形成蛋白质-SDS 复合物。由于 SDS 带负电,使各种蛋白质的 SDS-多肽复合物都带上相同密度的负电荷,它的量大大超过了蛋白质分子原有的电荷量,因而掩盖了不同种类的蛋白质原有的电荷差别;同时,不同蛋白质和 SDS 复合物形状也相似,都呈长椭圆状。因此,在自由电泳时,它们的泳动率基本相同,而在某一适宜浓度的聚丙烯酰胺凝胶介质中电泳时,由于凝胶的分子筛效应,电泳迁移率就取决于蛋白质-SDS 复合物的大小,也可以说是取决于蛋白质相对分子质量的大小。

电泳样品加入样品缓冲液后,要在沸水中煮 5~10 min,使 SDS 与蛋白质充分结合形成 SDS-蛋白质复合物,SDS-蛋白质复合物在强还原剂 2-ME 或 DTT 存在时,蛋白质分子内的二硫键被打开而不被氧化,蛋白质也完全变性和解聚,并形成棒状结构,稳定的存在于均一的溶液中。SDS-PAGE 这样分离出的谱带为蛋白质的亚基。样品处理液中通常加入溴酚蓝染料,溴酚蓝指示剂是一个较小的分子,可以自由通过凝胶孔径,所以,它显示着电泳的前沿位置,当指示剂到达凝胶底部时,即可停止电泳。另外,样品处理液中也可加入适量的甘油或蔗糖以增大溶液密度,使加样时样品溶液可以沉入样品加样槽底部。

2. 蛋白质从 SDS-PAGE 凝胶转移至 PVDF 膜上

Western blot 常用的滤膜有两种类型:NC 膜和 PVDF 膜。不同蛋白质与这些滤膜结合的效率有所不同。NC 膜比较脆,在操作过程中特别是用镊子夹取等过程中容易裂开,因此在 Western blot 实验中,PVDF 膜更常用。转膜实验中,把凝胶的一面与 PVDF 膜相接触,然后将凝胶及与之相贴的滤膜夹于滤纸、两张多孔垫料以及两块塑料板之间。把整个结合体浸泡于配备有标准铂电极并装有转移缓冲液的电泳槽中,使 PVDF 膜靠近阳极一侧,然后接通电流1~2 h。在此期间,蛋白质从凝胶中向阳极迁移而结合于 PVDF 膜上。为了防止过热并因而导致在夹层中形成气泡,转移过程应在冰浴中进行。

3. 封闭 PVDF 膜的免疫球蛋白结合位点

Western blot 实验法的灵敏度取决于封闭可能结合非相关蛋白的位点以降低这类非特异性结合背景的效果。转移了蛋白样品的 PVDF 膜封闭后,可以减小后续的一抗或二抗和膜的非特异性结合,降低背景,增强信噪比。现已设计的封闭液有多种,其中脱脂奶粉最为价廉物美,既使用方便又可与通常使用的所有免疫学检测系统兼容。

4. 抗体和靶蛋白的结合

Western blot 检测分两步进行,首先靶蛋白特异性的非标记抗体(一抗)在封闭液中先与 PVDF 膜一同孵育。经洗涤后,再将滤膜与二级试剂——放射性标记的或与辣根过氧化物酶或碱性磷酸酶偶联的抗免疫球蛋白抗体(二抗)一同孵育。进一步洗涤后,通过放射自显影或原位酶反应来确定抗原－抗体在 PVDF 膜上的位置。

5. 蛋白质检测

Western blot 最重要也是最后一步就是酶与底物反应进行检测,主要有底物化学发光法(ECL)ECL 和底物 DAB 呈色法等。目前,最常用的是化学荧光发光方法。其原理是:蛋白质在电泳后转移到 PVDF 膜上,依次加八一抗及辣根过氧化物酶(HRP)标记的二抗进行孵育。洗膜后,用 ECL 工作液在可见光下室温下孵育膜数分钟,置于蛋白印迹成像和定量系统的仪置中进行检测。

一、蛋白质的 SDS-PAGE 电泳

【实验试剂】

1. 30%(W/V)丙烯酰胺。

2. 10%十二烷基硫酸钠(SDS)溶液。

3. 1.5 mol/L Tris(pH 8.8)和 1.0 mol/L Tris(pH 6.8)。

4. 10%(W/V)过硫酸铵(AP)。

5. TEMED(N,N,N′,N′-四甲基乙二胺)。

6. 1×SDS 凝胶上样缓冲液(pH 6.8):50 mmol/L Tris-HCl、100 mmol/L DTT、2%(W/V)SDS、0.1%溴酚蓝、10%(V/V)甘油。

7. 1×Tris-甘氨酸电泳缓冲液(pH 8.3):25 mmol/L Tris、250 mmol/L 甘氨酸、0.1%

（W/V）SDS。

8. 预染蛋白质分子量标准。

【实验操作】

1. 按厂商的使用指南用 2 块干净的玻璃、平板和垫片组装电泳装置中的玻璃板夹层，并固定在灌胶支架上。

2. 按表 22.1 配制分离胶。

表 22.1　配制不同体积 SDS-PAGE 分离胶所需各成分的体积

成分	配制不同体积 SDS-PAGE 分离胶所需各成分的体积（mL）					
8%	5	10	15	20	30	50
dd H_2O	1.7	3.3	5	6.7	10	16.7
30%Acr-Bis(29∶1)	1.3	2.7	4	5.3	8	13.3
1 mol/L Tris,pH 8.8	1.9	3.8	5.7	7.6	11.4	19
10%SDS	0.05	0.1	0.15	0.2	0.3	0.5
10%过硫酸铵	0.05	0.1	0.15	0.2	0.3	0.5
TEMED	0.003	0.006	0.009	0.012	0.018	0.03
成分	配制不同体积 SD-PAGE 分离胶所需各成分的体积（mL）					
10%	5	10	15	20	30	50
dd H_2O	1.3	2.7	4	5.3	8	13.3
30%Acr-Bis(29∶1)	1.7	3.3	5	6.7	10	16.7
1 mol/L Tris,pH 8.8	1.9	3.8	5.7	7.6	11.4	19
10%SDS	0.05	0.1	0.15	0.2	0.3	0.5
10%过硫酸铵	0.05	0.1	0.15	0.2	0.3	0.5
TEMED	0.002	0.004	0.006	0.08	0.012	0.02
成分	配制不同体积 SDS-PAGE 分离胶所需各成分的体积（mL）					
12%	5	10	15	20	30	50
dd H_2O	1	2	3	4	6	10
30%Acr-Bis(29∶1)	2	4	6	8	12	20
1 mol/L Tris,pH 8.8	1.9	3.8	5.7	7.6	11.4	19
10%SDS	0.05	0.1	0.15	0.2	0.3	0.5
10%过硫酸铵	0.05	0.1	0.15	0.2	0.3	0.5
TEMED	0.002	0.004	0.006	0.08	0.012	0.02

注意：加完 TEMED 后聚合反应就立即开始，因此不要耽搁，迅速轻轻搅拌混匀后进行下一步。

按所需分离的蛋白质分子大小选择合适的丙烯酰胺百分比浓度，一般地，5%的凝胶可用于 60～200 kDa 的 SDS 变性蛋白质分子的分离,10% 用于 16～70 kDa,15% 用于 12～45 kDa。

3. 将分离胶液体沿边缘加入玻璃平板夹层中,至凝胶约 5 cm 高为止。

4. 在分离胶液面顶部缓缓加入一层 dH₂O(厚约 1 cm)。让凝胶在室温聚合 30 min。聚合后,可见在顶层 dH₂O 与凝胶的界面间有一清晰的折光线。

5. 倾去顶层的 dH₂O。

6. 按表 22.2 配制积层胶(浓缩胶)液体,沿边缘加入到玻璃平板夹层,直至夹层的顶部。

表 22.2　配制不同体积 SDS-PAGE 分离胶所需各成分的体积

成分	配制不同体积 SDS-PAGE 浓缩胶所需各成分的体积(mL)					
5%	2	3	4	6	8	10
dd H₂O	1.4	2.1	2.7	4.1	5.5	6.8
30%Acr-Bis(29∶1)	0.33	0.5	0.67	1	1.3	1.7
1mol/L Tris,pH 6.8	0.25	0.38	0.5	0.75	1	1.25
10%SDS	0.02	0.03	0.04	0.06	0.08	0.1
10%过硫酸铵	0.02	0.03	0.04	0.06	0.08	0.1
TEMED	0.002	0.003	0.004	0.006	0.008	0.01

7. 将梳子插入夹层的积层胶液体中,必要时,再补加积层胶液体充盈剩余空间,让积层胶室温聚合 30 min。

8. 在微量离心管中,用 1×SDS 凝胶上样缓冲液制备待测蛋白质样品,于 100 ℃ 加热 5～10 min。对于 0.3 cm 宽的加样孔,加样体积以不超过 20 μL 为宜。

9. 小心拔出梳子,避免撕裂聚丙烯酰胺凝胶加样孔。取出梳子后,以 1×Tris-甘氨酸电泳缓冲液冲洗加样孔。

10. 将凝胶板固定到电泳装置中,在上下槽中加入 1×Tris-甘氨酸电泳缓冲液。上槽加入的缓冲液要淹没凝胶的加样孔。

11. 用微量进样器将制备好的蛋白质样品等体积加入到样品孔中,小心加样使样品在孔的底部形成一薄层,对照孔加入预染蛋白质分子量标准样品,如有空置的加样孔,需加等体积的空白样品缓冲液,以防相邻泳道样品的扩散。

12. 连接电源,先在 60 V 电压下电泳至溴酚蓝染料从积层胶进入分离胶,再将电压调至 120 V 继续电泳至溴酚蓝到达凝胶底部为止。

13. 关闭电源并撤去连接的导线,弃去电泳缓冲液,取出玻璃板夹层。

14. 从电泳装置上卸下玻璃板,放在纸巾上,小心撬开玻璃板,移出凝胶,以备下一步实验使用。

二、蛋白质从 SDS-PAGE 凝胶转移至 PVDF 膜上

【实验试剂】

膜转移缓冲液：48 mmol/L Tris、39 mmol/L 甘氨酸、0.0375% SDS、20% 甲醇。

【实验操作】

1. 当 SDS-PAGE 电泳行将结束时，切 6 张滤纸和 1 张 PVDF 膜，其大小都应与凝胶大小完全吻合。

2. 把 PVDF 膜于甲醇溶液浸泡 1 min，然后放入盛有转移缓冲液的托盘中备用。

3. 在另一托盘中加入少量转移缓冲液，把 6 张滤纸浸泡于其中。

4. 戴上手套按如下方法安装转移装置：① 平放底部电极（阴极），放一张海绵垫片。② 在海绵垫片上放置 3 张用转移缓冲液浸泡过的滤纸，逐张叠放，精确对齐，然后用玻璃管滚动以挤出所有气泡。③ 凝胶经去离子水略为漂洗后，准确平放于滤纸上。④ 把 PVDF 膜放在凝胶上，要保证精确对齐，而且在膜与凝胶之间不要留有气泡。⑤ 最后把 3 张滤纸放在 PVDF 膜上方，同样须确保精确对齐，不留气泡。

5. 将靠上方的电极（阳极）放于夹层物上，连接电源。根据凝胶面积按 300 mA 接通电流，电转移 1~2 h。

6. 断开电源并拔下槽上插头，从上到下拆卸转移装置，逐一掀去各层，将 PVDF 膜取出，下一步实验备用。

三、封闭 PVDF 膜的免疫球蛋白结合位点

【实验试剂】

1. TBST 缓冲液：20 mmol/L Tris-HCl、150 mmol/L NaCl、0.05%（V/V）Tween 20。

2. 封闭液：5%（W/V）脱脂奶粉（5 g 脱脂奶粉加入到 100 mL 的 TBST 缓冲液中，混匀）。

【实验操作】

把转移了蛋白样品的 PVDF 膜放入小托盘中,加入封闭液,平放在平缓摇动的摇床平台上于室温孵育 1 h 左右。

四、抗体和靶蛋白的结合

【实验试剂】

封闭液稀释的一抗(稀释比例通常为:1∶200~1∶5000)、封闭液稀释的二抗(稀释比例通常为:1∶2000~1∶10000)。

【实验操作】

1. 将封闭后的 PVDF 膜置于杂交袋中,按每平方厘米 0.1 mL 的量加入封闭液稀释的一抗。
2. 尽可能排除藏匿的气泡后密封袋口,将膜平放在平缓摇动的摇床平台上,于 37 ℃ 孵育 1~4 h 或 4 ℃ 过夜孵育。
3. 剪开杂交袋,回收含有一抗的封闭液,用 TBST 缓冲液漂洗 PVDF 膜 3 次,每次 5~10 min。
4. PVDF 膜置于杂交袋中,加入封闭液稀释的二抗,于 37 ℃ 孵育 1~2 h。
5. 回收含有二抗的封闭液,用 TBST 缓冲液漂洗 PVDF 膜 3 次,每次 5~10 min。

五、蛋白质检测

【实验试剂】

ECL 显色液:A 液和 B 液。

【实验操作】

1. 新鲜配制 ECL 工作液：将试剂 A 和试剂 B 按 1∶1 混合，混合后即得 ECL 工作液（配置好应立即使用）。

2. PVDF 膜蛋白面朝上，用 ECL 工作液均匀滴加至膜上，室温孵育 1～2 min。

3. 用平头镊夹住 PVDF 膜，垂直置于吸水纸以吸去多余工作液。

4. 快速将 PVDF 膜置于蛋白印迹成像和定量系统暗箱内，按照步骤操作电脑获得数据。

【注意事项】

1. 未聚合的丙烯酰胺具有神经毒性，操作时应该戴手套防护。梳子插入浓缩胶时，应确保没有气泡。可将梳子稍微倾斜插入，以减少气泡的产生。梳子拔出来时应该小心，不要破坏加样孔，如有加样孔上的凝胶歪斜可用针头插入加样孔中纠正，但要避免针头刺入胶内。

2. 电泳槽内加入电泳缓冲液冲洗，清除黏附在凝胶底部的气和未聚合的丙烯酰胺，同时应低电压短时间预电泳，清除凝胶内的杂质，疏通凝胶孔径以保证电泳过程中电泳的畅通。

3. 加样前样品应先离心，以减少蛋白质带的拖尾现象。

4. 为避免边缘效应，可在未加样的孔中加入等量的样品缓冲液。

5. 为减少蛋白质条带的扩散，上样后应尽快进行电泳，电泳结束后也应直接转膜。

6. 上样时，小心不要使样品溢出而污染相邻加样孔。

7. 取出凝胶后应注意分清上下，可用刀片切去凝胶的一角作为标记（如左上角），转膜时也应用同样的方法对 PVDF 膜做上标记（如左上角），以分清正反面和上下关系。

8. 转膜时应依次放好 PVDF 膜与凝胶所对应的电极，即凝胶对应负极，PVDF 膜对应正极。

9. 拿取凝胶、滤纸和 PVDF 膜时必须戴手套，因为皮肤上的油脂和分泌物会阻止蛋白质从凝胶向滤膜转移。

（查晓军）

实验二十三　血清中 IgG 的分离纯化和鉴定

【实验目的】

了解蛋白质的分离纯化和鉴定的基本原理;掌握用血清中 IgG 的分离纯化的操作方法和主要步骤。

一、IgG 的分离纯化

【实验原理】

1. IgG 的粗提(盐析法)。

(1) 盐析(硫酸铵沉淀法):高浓度中性盐加入血清后,可脱去蛋白质分子表面的水化膜,中和其电荷,从而使得蛋白质溶解度降低乃至沉淀出来。不同蛋白质中氨基酸的组成不同,所以沉淀需要的盐浓度也不同,血清在 50% 饱和硫酸铵中沉淀出 IgG。

(2) IgG 的脱盐:盐析得到的 IgG 中含有硫酸铵等盐类,将影响以后的纯化,所以纯化前均应除去,此过程称为"脱盐(desalthing)"。脱盐常用透析法和凝胶过滤法,这两种方法各有利弊。前者的优点是操作简单、透析后析品终体积较小,但所需时间较长,盐不易除尽;凝胶过滤法则能将盐除尽,所需时间也短,但其凝胶过滤后样品体积较大,操作相对烦琐。① 透析:将待脱盐溶液(如 IgG 的粗制品)装入具有一定孔径的透析袋中,盐离子和小分子物质穿过半透膜扩散进入透析外液,而大分子物质如蛋白质等留在袋内,经过一段时间后即可除去 IgG 粗制品中的中性盐硫酸铵。② 凝胶过滤层析:用于脱盐的凝胶是小孔径交联葡聚糖(Sephadex G-l0~25)。凝胶是由胶体粒子构成的立体网状结构,其网眼较均匀地分布在凝胶颗粒上,盐离子小于筛眼均可通过,大于筛眼的蛋白质分子则不能,故称为"分子筛"。当被蛋白质和盐离子等通过凝胶时,盐离子将完全渗入凝胶网眼,并随着流动相的移动沿凝胶网眼孔道移动,从一个颗粒的网眼流出,又进入另一颗粒的网眼,如此连续下去,直到流过整个凝胶柱为止,因而流程长、阻力大、流速慢,蛋白质分子则完全被筛眼排阻而不能进入凝胶网眼,只能随流动相沿凝胶颗粒的间隙流动,其流程短、阻力小、流速快,比盐离子先流出层析柱。

2. IgG 的纯化(离子交换层析)。

由于球蛋白中 α 和 β 球蛋白的 pI<6.3 ,故在 pH 6.3 的缓冲液中为阴离子,与

DEAE-纤维素进行阴离子交换而结合,而 γ-球蛋白的 pI＞6.3,在 pH 6.3 的缓冲液中为阳离子,而不与 DEAE-纤维素进行交换而被结合。当上述球蛋白混合液通过事先用 pH 6.3、0.0175 mol/L PBS 平衡过的 DEAE-Sephadex A-50(氯式)层析床时,IgG 不被保留,直接从层析柱中流出,而所有其他血清蛋白质均被交换结合,这样就可以得到在免疫学上纯的 IgG。

最常用于纯化 IgG 的离子交换树脂 DEAE-纤维素,其反应式如下:

$$\alpha\text{-球蛋白和}\beta\text{-球蛋白} \diagup\substack{COO^-\\NH_3^+} \xrightarrow{pH\,6.3} \alpha\text{-球蛋白和}\beta\text{-球蛋白} \diagup\substack{COO^-\\NH_2} + H_2O$$

$$\gamma\text{-球蛋白} \diagup\substack{COO^-\\NH_3^+} \xrightarrow{pH\,6.3} \gamma\text{-球蛋白} \diagup\substack{COOH\\NH_3^+}$$

$$\text{纤维素}-O-(CH_2)_2-N(C_2H_5)_2 \xrightarrow[H^++H_2PO_4^-]{pH\,6.3} \text{纤维素}-O-(CH_2)_2-\underset{H}{\overset{C_2H_5}{N}}\cdot H_2PO_4^-\, C_2H_5$$

$$\text{纤维素}-O-(CH_2)_2-\underset{H}{\overset{C_2H_5}{+N}}\cdot H_2PO_4^- + \alpha\text{-球蛋白和}\beta\text{-球蛋白} \diagup\substack{COO^-\\NH_2}$$
$$\downarrow pH\,6.3$$
$$\text{纤维素}-O-(CH_2)_2-\underset{H}{\overset{C_2H_5}{+N}}\cdot \alpha\text{-球蛋白} \diagup\substack{COO^-\\NH_2} \text{和}\beta\text{-球蛋白} \diagup\substack{COO^-\\NH_2} + H_3PO_4$$

【实验试剂】

1. 饱和硫酸铵溶液:取固体$(NH_4)_2SO_4$(AR)850 g 置于 1000 mL 蒸馏水中,在 70～80 ℃水浴中搅拌溶解,室温中放置过夜,瓶底析出白色结晶,上清液即为饱和$(NH_4)_2SO_4$。

2. pH 6.3、0.0175 mol/L PBS。

3. 20%磺基水杨酸。

4. 纳氏试剂:① 纳氏试剂贮存液:称取氯化钾 150 g 于三角烧杯中,加蒸馏水 100 mL 使溶解,再加入碘 110 g 待完全溶解后加汞 140～150 g,用力振摇 10 min 左右,此时产生高热,需将三角烧杯浸入冷水中继续摇动,直至棕红色碘转变成带绿色的碘化钾液为止,将上清倾入 2000 mL 容器中,用蒸馏水洗涤瓶内沉淀数次,将洗液一并倒入容量瓶内,用蒸馏水稀释至 2000 mL。② 纳氏试剂应用液:取贮存液 150 mL,加 10%氢氧化钠 700 mL,混合后加蒸馏水 1000 mL,贮于棕色瓶备用,如果混浊可过滤或静放数天后取上清。

5. Sephadex G-25 及处理:将所需葡聚糖凝胶浸入蒸馏水中于室温下溶胀,浸泡足够的时间以使凝胶充分溶胀。若用沸水浴溶胀,不但节省时间,还可以杀灭凝胶中污染的细菌并排出网眼中的气体。凝胶溶胀后,需用蒸馏水洗涤几次,每次应将沉降缓慢的细小颗粒随水倾倒出去,以免在装柱后产生阻塞现象,降低流速。洗后将凝胶浸泡在洗脱液中待用。

6. DEAE-SephadexA-50 及处理:称取 DEAE-Sephadex A-50 2 g,用蒸馏水 100 mL 溶解,轻摇匀后凝胶自然沉淀,倾去上清及上清中细小颗粒,加蒸馏水 50 mL 摇匀,室温静置 24 h 后,冰箱(4 ℃)贮存备用。

【实验操作】

1. IgG 粗制品的制备。

(1)(NH₄)₂SO₄盐析:取血清 2 mL,加 PBS 2 mL 混匀,再缓慢滴入饱和(NH₄)₂SO₄溶液 4 mL,边加边摇,混匀后室温放置 10 min,弃去上清,沉淀加 pH 6.3、0.0175 mol/L PBS 2 mL 使之溶解,再加入 2 mL 饱和(NH₄)₂SO₄溶液,混匀,3000 r/min 离心 10 min 弃去上清,沉淀再按上述方法重复一次,最后将沉淀用 0.5 mL PBS 溶解。

(2)脱盐(凝胶过滤):① 装柱和平衡:取 2.5 cm,长度为 15 cm 的层析柱 1 支,垂直固定在支架上,关闭下端出口。将已经溶胀好的 Sephadex G-25 中的水倾倒出去,加入 2 倍体积的 pH 6.3、0.0175 mol/L PBS,并搅拌成悬浮液,然后灌注入柱,打开柱的下端出口,继续加入搅匀的 Sephadex G-25,使凝胶自然沉降高度到 17 cm 左右,关闭出口。待凝胶柱形成后,以 3 倍柱体积的 pH 6.3、0.0175 mol/L PBS 洗脱凝胶柱,平衡层析柱。② 上样与洗脱:先将出口打开,使 PBS 流出,待刚露出床面时,将盐析所得全部 IgG 样品加到凝胶柱表面,当样品流完刚露出床面时,立即加洗脱液,同时收集下端出口的洗脱液,控制流速为0.5 mL/min 左右。用试管收集洗脱液,每管 10 滴。③ 洗脱液中蛋白质的检查:在开始收集洗脱液的同时检查蛋白质是否已开始流出。为此,由每支收集管中取出 1 滴溶液置于黑色比色磁盘中,加入 1 滴20%磺基水杨酸,若呈现白色絮状沉淀即证明已有蛋白质出现,直到检查不出白色沉淀时,停止收集洗脱液。④ 在经检查含有蛋白质的每管中,取 1 滴溶液,放置在白色比色盘孔中,加入 1 滴纳氏试剂,若呈现棕黄色沉淀,说明它含有硫酸铵(NH₄⁺)。合并检查后不含硫酸铵的各管收集液,即为"脱盐"后的 IgG,计量体积,留约 0.2 mL 作鉴定等用,其余用于进一步纯化。

2. DEAE-SephadexA-50 纯化 IgG。

(1)装柱:取直径 2.5 cm,长度为 15 cm 的层析柱一支,关闭管的开口,加 2/3 柱体积的 PBS,自顶部缓慢加入处理后的 DEAE-SephadexA-50 悬液,待底部凝胶沉积 1~2 cm 时,打开出口,不断加入悬液至离柱顶 3 cm 左右为止。操作过程中应注意防止气泡与分层,并用玻璃棒轻轻搅动表面使其平整,柱装好后用 2 倍体积的 PBS 流过柱床以求平衡。

(2)上样与洗脱:先将出口打开,使 PBS 流出,待刚露出床面时,立即加样,当样品流完刚露出床面时,立即加洗脱液,同时收集下端出口的洗脱液,控制流速在 4 滴/min,每 3 min 收集一管。

(3)洗脱液中蛋白质的检查:按洗脱液的管号顺序分别取 1 滴滴于事先加入 20%磺基水杨酸的黑瓷板穴中,出现白色浑浊或沉淀即有蛋白质流出,由此估计蛋白质在各洗脱管中的分布及浓度。合并含蛋白量高的各管,计算体积备检。

【注意事项】

装柱时应防止产生气泡与分层,并应保持柱顶平整。

二、IgG 的鉴定

(一) SDS-聚丙烯酰胺凝胶电泳

【实验原理】

SDS-聚丙烯酰胺凝胶电泳(SDS-PAGE)的原理见实验二十二(基因表达产物的鉴定——Western blot)。

血清蛋白质通过聚丙烯酰胺凝胶电泳一般可分出 12~26 条区带,考马氏亮蓝 R-250 能通过 Vander Waol 力与蛋白质结合,灵敏度很高,可使蛋白质电泳区带染色而显示出蓝色条带。

【实验试剂】

1. 2×蛋白质样品缓冲液:Tris 0.15 g、β-巯基乙醇 1.0 mL、溴酚蓝 0.02 g、、SDS 0.4 g、甘油 2.0 mL、蒸馏水 7.0 mL。

2. 30%丙烯酰胺:称 29 g 丙烯酰胺、1 g 甲叉丙烯酰胺,溶于蒸馏水并定容至 100 mL,滤纸过滤后置于棕色玻璃瓶内室温保存。

3. 10%过硫酸铵:1 g 过硫酸铵溶于蒸馏水定容至 10 mL。

4. TEMED:N,N,N′,N′-四甲基乙二胺,棕色瓶保存。

5. 浓缩胶缓冲液:Tris 12.1 g、SDS 0.4 g 溶于 60 mL 蒸馏水,用盐酸调 pH 至 6.8,定容至 100 mL。

6. 分离胶缓冲液:Tris 18.2 g、SDS 0.4 g 溶于 60 mL 蒸馏水,用盐酸调 pH 至 8.8,定容至 100 mL。

7. 甘氨酸电泳缓冲液:25 mmol/L Tris(3.02 g),250 mmol/L 甘氨酸(18.8 g),0.1%SDS(1 g)。

8. 染色液:0.5 g 考马斯亮蓝 R250、90 mL 甲醇、20 mL 冰乙酸,加水至 200 mL。

9. 脱色液:90 mL 甲醇、20 mL 冰乙酸,加水至 200 mL。

10. 低分子量蛋白质标准(Marker)。

11. 样品稀释液:浓缩胶缓冲液 25 mL 加入蔗糖 10 g 及 0.05% 溴酚蓝 5 mL,最后加水至 100 mL。

【实验操作】

1. 安装灌胶装置。

先将两块玻璃板洗净,干燥,按厂商的使用指南将玻璃板固定在灌胶支架上(可选择两块玻璃板之间的空隙厚度)。拧紧螺丝,使其夹紧(不能过紧以防玻璃破裂)。

2. 配制凝胶。

由冰箱中取出储液平衡到室温后开始配胶,在 50 mL 烧杯内按表 23.1 配方配制 SDS-PAGE 分离胶和浓缩胶。

表 23.1　配置 SDS-PAGE 分离胶和浓缩胶的步骤

试剂	30%丙烯酰胺/mL	缓冲液/mL	H₂O/mL	10%过硫酸铵/μL	TEMED/μL	总体积/mL
分离胶/10%	6.67	5	8.2	120	10	20
浓缩胶/5%	0.83	0.63	3.45	30	5	5

以上各液加入后轻轻搅动混匀。

3. 灌胶。

迅速将配好的分离胶溶液灌入两片玻璃板的间隙中,留出灌注浓缩胶所需空间(Teflon 梳子齿长再加 1 cm),用细吸管小心地在丙烯酰胺溶液上覆盖一层蒸馏水,防止因氧气扩散进入凝胶而抑制聚合反应。待分离胶聚合完全后(约 30 min),倾出覆盖水层。

再按上表配制 5% 浓缩胶,立即混合,在已聚合的分离胶上直接灌注后,立即在浓缩胶溶液中插入干净的 Teflon 梳子,两边平直,小心避免气泡混入,将凝胶垂直放置于室温下 10～15 min,将梳子小心拔出,然后用水冲洗加样槽以除去未聚合的丙烯酰胺,用针头把加样槽之间的胶齿拨直,并在电泳槽内加入 Tris-甘氨酸电泳缓冲液。

4. 样品处理。

(1) 待检测蛋白质样品处理:取待测蛋白质样品 50 μL,加 50 μL 2×蛋白质样品缓冲液,混匀,100 ℃ 水浴煮沸 10 min,冷却后取 15～30 μL 上样。正常人血清(作为对照) 0.3 mL,加入样品稀释液 1.7 mL,其余处理同上述待检测蛋白质样品处理。

(2) 标准蛋白质样品的处理:向已分装好的 10 μL 标准蛋白质样品中加入 10 μL 样品缓冲液,混匀,在 100 ℃ 水浴中煮沸 10 min,冷却后上样。

5. 加样。

待样品冷却后,用微量进样器或可调式移液器,吸取 15～30 μL 样品,按号依次加入样品槽,因样品液内有甘油,可使样品沉降在凝胶面上。

6. 电泳。

加样完毕,将前槽接负极,后槽接正极,打开直流电源,先把电压调至 8 V/cm(80 V),待染料前沿进入分离胶形成狭窄条带时,将电压提高到 12 V/cm(120 V),继续电泳,直到溴酚蓝指示剂迁移到接近凝胶底部时停止电泳。

7. 剥胶。

从电泳槽上卸下凝胶板,放置纸巾上,用刮勺撬开玻璃板。

8. 染色及脱色。

将电泳后的凝胶板轻轻取下,放入染色液中染色,约 1 h 后,把染色液倒回瓶中,加入脱色液,脱色 4~8 h,其间更换脱色液 3~4 次。脱色后,用水冲洗凝胶,对照 Marker 观察结果。可将凝胶浸于水中或固定在 20%甘油中或抽干,干燥后成胶片保存或拍照。

【注意事项】

1. 丙烯酰胺是有毒试剂,操作时务必小心,切勿接触皮肤或溅入眼内,操作后注意洗手。

2. 过硫酸铵溶液最好现配现用,最长不得超过 1 周。

3. 在制胶的玻璃管中加入各类试剂均需沿管壁缓缓加入,以免搅动液面及产生气泡而影响分离鉴定的效果。

4. 凝胶聚合的时间与温度有关,如室温低于 10 ℃,聚合时间将延长。

(二) 免疫双扩散

【实验原理】

免疫双扩散(double immunodiffusion assay)法是指抗原与抗体在同一凝胶中扩散的方法,是观察可溶性抗原与相应抗体反应和抗原抗体鉴定的最基本方法之一。相应的抗原与抗体,在琼脂凝胶板上的相应孔内,分别向周围自由扩散。在抗原和抗体孔之间,扩散的抗原与抗体相遇而发生特异性反应,并于两者浓度比例合适处形成肉眼可见的白色沉淀线,证明有抗原和抗体反应发生。若将待检测抗体做系列倍比稀释,根据白色沉淀线逐渐消失的情况可测定抗体效价。免疫双扩散法可用于诊断疾病并可用于确定抗血清的效价。

【实验试剂】

1. 1%琼脂糖:取 1 g 琼脂糖,加入 100 mL NS 混匀,置沸水中溶解。

2. 玻璃片。

3. 打孔器。

4. 有盖方盘(内衬纱布 3 层)。

【实验操作】

1. 铺板:将溶好的琼脂糖铺于玻板上,厚度为3～4 mm。

2. 打孔:待琼脂糖凝固后,用打孔器打梅花孔,见图23.1。打完后用注射器针头将琼脂挑出,在酒精灯上烤背面,使琼脂与玻板贴紧。

3. 抗原稀释:将血清、粗IgG、纯IgG液用PBS分别稀释成1∶2和1∶4。

4. 加样:中心孔加羊抗人IgG血清,周边孔分别加入不同稀释度,不同分离段的抗原,每孔加入量以平琼脂表面为宜,15～20 μL。

5. 扩散:将加样后的琼脂板置于湿盒中,放入37 ℃恒温浴箱中扩散24～48 h。

6. 观察:扩散结束后观察沉淀线,若出现正六边形的沉淀线,无分叉,表明1～6孔的抗原蛋白质为同一蛋白质(人Ig)。

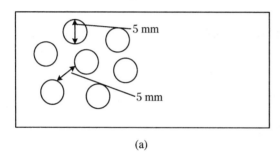
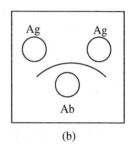

(a)   (b)

图23.1 免疫双扩散鉴定载玻片梅花孔图(a)和效果模式图(b)

【注意事项】

在抗原抗体单一体系中,抗原浓度不同,沉淀线特征不同。

(张胜权)